Thomas Rödig
Eignung piezoelektrischer Werkstoffe
für mechanoelektrische Festkörpergeneratoren

TUDpress

DRESDNER BEITRÄGE ZUR SENSORIK

Herausgegeben von

Gerald Gerlach

Band 53

Thomas Rödig

Eignung piezoelektrischer Werkstoffe für mechanoelektrische Festkörpergeneratoren

TUDpress
2014

Die vorliegende Arbeit wurde wurde unter dem Titel „Eignung piezoelektrischer Werkstoffe für mechanoelektrische Festköpergeneratoren“ am 2. Dezember 2013 als Dissertation an der Fakultät Elektrotechnik und Informationstechnik der Technischen Universität Dresden eingereicht und am 23. Juni 2014 erfolgreich verteidigt.

Vorsitzender:	Prof. Dr.-Ing. habil. Dr. h.c. mult. Klaus-Jürgen Wolter
Gutachter:	Prof. Dr.-Ing. habil. Gerald Gerlach
	Prof. Dr. rer. nat. habil. Alexander Michaelis

Bibliografische Information der Deutschen Nationalbibliothek
Die Deutsche Nationalbibliothek verzeichnet diese Publikation in der Deutschen Nationalbibliografie; detaillierte bibliografische Daten sind im Internet über http://dnb.d-nb.de abrufbar.

Bibliographic information published by the Deutsche Nationalbibliothek
The Deutsche Nationalbibliothek lists this publication in the Deutsche Nationalbibliografie; detailed bibliographic data are available in the Internet at http://dnb.d-nb.de.

ISBN 978-3-944331-74-4

Verlag der Wissenschaften GmbH
Bergstr. 70 | D-01069 Dresden
Tel.: 0351/47 96 97 20 | Fax: 0351/47 96 08 19
http://www.tudpress.de

Gesetzt vom Autor.
Printed in Germany.

Für Sonia, Leander, Linus und Juran.

Vorwort des Herausgebers

Piezoelektrische Werkstoffe haben wegen ihrer Fähigkeit, mechanische in elektrische Energie (und umgekehrt) umwandeln zu können, große Bedeutung. Da die Energiedichte in piezoelektrischen Materialien sehr groß sein kann, sind sie eines der interessantesten Materialien für mechanoelektrische Festkörpergeneratoren, die aus der Bewegungs- bzw. Schwingungsenergie der Umgebung elektrische Energie liefern sollen. Solche Generatoren sind z. B. für mobile und autarke elektrische Geräte von großem Interesse. Für eine solche Nutzung müssen diese Materialien aber bestimmte Eigenschaften und Voraussetzungen erfüllen, wie z.B. ein hinreichend hohes Energiewandlungsvermögen und ein stabiles Langzeitverhalten auch bei hohen mechanischen Belastungen.

Gegenwärtig sind ca. 200 verschiedene piezoelektrische Werkstoffe kommerziell erhältlich. Für diese kennt man zwar die piezoelektrischen Materialkonstanten, Curie-Temperaturen und einige andere Parameter, die oben genannten, in der Praxis entscheidenden Eigenschaften sind allerdings nur punktuell untersucht.

Die vorliegende Arbeit behebt dieses Manko, indem rund 50 ausgewählte, technisch wichtige und kommerziell verfügbare Werkstoffe hinsichtlich ihrer Eignung als Energiegenerator systematisch untersucht und verglichen werden. Sie ist weltweit die erste Arbeit, die dies in diesem Umfang, dieser Komplexität und dieser Gründlichkeit vermocht hat. Ich wünsche ihr deshalb, dass sie entscheidend zur Verbesserung und zum breiteren Einsatz piezoelektrischer Wandler als Energiegeneratoren beitragen wird!

Dresden im Juni 2014 Gerald Gerlach

Vorwort des Autors

Diese Arbeit wurde am Fraunhofer Institut für keramische Technologien und Systeme in Zusammenarbeit mit dem Institut für Festkörperelektronik der Technischen Universität Dresden durchgeführt. Die finanzielle Unterstützung erfolgte vom Bundesministerium für Bildung und Forschung (BMBF) im Rahmen der Spitzenclusterförderung *CoolSilicon*.

Herrn Prof. Dr.-Ing. habil. Gerald Gerlach möchte ich ganz besonders für die stetige Betreuung und die zahlreichen Anregungen danken.

Herrn Prof. Dr. rer. nat. habil. Alexander Michaelis danke ich für die Übernahme des Koreferats und die Möglichkeit, diese Arbeit am Fraunhofer Institut für keramische Technologien und Systeme durchzuführen.

Für die wertvollen Diskussionen und die hervorragende Zusammenarbeit danke ich Herrn Dr. rer. nat. Andreas Schönecker vom Fraunhofer Institut für keramische Technologien und Systeme.

Besonderer Dank gilt meinen studentischen Hilfskräften, Herrn Johannes Epperlein und Herrn Andreas Giebe, für die Entwicklung und Konstruktion der Messvorrichtung sowie Frau Susann Beyersdorfer für die Entwicklung der Messelektronik. Weiterhin möchte ich mich bei Herrn Uwe Keitel für die Erstellung des Messprogammes, bei Frau Christina Müller für die Durchführung zahlreicher Messungen und bei Herrn Björn Matthey für seinen unermüdlichen Einsatz, die prozentualen Phasenanteile und die Verzerrung der Perowskite ferroelektrischer Proben zu ermitteln, bedanken.

Bedanken möchte ich mich auch bei meinen Kollegen Dr. Bent Brückner, Dr. Michael Nicolai und Sophia Eßlinger, die auch bei nicht beruflichen Dingen jederzeit ein offenes Ohr hatten.

Meiner Familie, besonders meiner Frau Sonia, verdanke ich, dass mir über die Jahre in zahlreichen Gelegenheiten der Rücken freigehalten wurde und somit diese

Arbeit überhaupt realisiert werden konnte. Das gleiche gilt für meine drei Jungs Leander, Linus und Juran, die mir sehr schnell und eindringlich nahe brachten, dass es am Wochenende wichtigere Dinge zu tun gibt.

Dresden, im Juli 2014 Thomas Rödig

Abstract

Solid-state generators based on piezoelectric materials are widely known and used for diverse applications, e.g. electric spark generators for gas igniters and wireless light switches for building automation. For the development of new piezoelectric generators the knowledge about the properties of the transducer materials is needed whose obtainment is the main aim of this work.
Starting from the state of the art and a theoretical investigation on the piezoelectric material generator behavior, the measurement concept using dynamical stimulation was derived. From about 200 possible materials 47 different materials were selected for experimental characterization under consideration of application-relevant criteria. As a key fact all samples were loaded with increasing frequency and increasing mechanical stress.
Main result of this work is the comprehensive evaluation of commercially available materials concerning the application in piezoelectric generators. The focus was set to the ability of energy conversion and degradation under mechanical stress. The gained knowledge allows an easy and application-oriented material selection. One particularly advantageous arrangement is the clear and known standard-oriented classification of all materials. Materials from three of nine groups show a good ability of energy conversion and sufficient strength against degradation under mechanical stress. These application-relevant materials are the ferroelectric soft and hard piezoceramics based on PZT.
Furthermore, the detailed gained knowledge of this work collects the variation of the material properties within a group and allows a optimized material selection.

Keywords: piezoelectric generators and materials, energy harvesting, energy conversion efficiency, electromechanical degradation

Inhaltsverzeichnis

Zeichen, Benennungen und Einheiten **v**

Abkürzungen **ix**

1 Einleitung **1**

2 Stand der Technik **5**

2.1 Festkörpergeneratoren 5

2.1.1 Thermoelektrisches Prinzip 6

2.1.2 Piezomagnetisches Prinzip 7

2.1.3 Fotoelektrisches Prinzip 7

2.1.4 Piezoelektrisches Prinzip 8

2.1.5 Vergleich und Bewertung 8

2.2 Historische Entwicklung 9

2.3 Werkstoffe 13

2.3.1 Perowskitstruktur 14

2.3.2 Wolfram-Bronze-Struktur 16

2.3.3 Aurivillius-Phasen 17

2.3.4 Ilmenitstrukturen 17

2.4 Werkstoffbewertung 18

2.5 Systemintegration 20

3 Theoretische Grundlagen **23**

3.1 Definitionen 24

3.1.1 Piezoelektrischer Körper 24

3.1.2 Koppelfaktor 25

3.1.3 Wirkungsgrad . . . 25
3.2 Werkstoffverhalten . . . 25
3.2.1 Piezoelektrisches Verhalten in einer Elementarzelle . . . 25
3.2.2 Ferroelastisches Verhalten von piezoelektrischen Körpern . 30
3.3 Mathematische Beschreibung des Verhaltens piezoelektrischer Körper 35
3.3.1 Zweitordarstellung linearer piezoelektrischer Gleichungen . 35
3.3.2 Elektromechanische Modellbildung piezoelektrischer Körper 37
3.3.3 Finite-Elemente-Methode . . . 40
3.4 Kennwerte piezoelektrischer Werkstoffe . . . 40

4 Messtechnische Untersuchungen 43
4.1 Messkörper . . . 43
4.2 Messablauf . . . 45
4.3 Messverfahren . . . 47
4.3.1 Geometriekennwerte der Messkörper . . . 47
4.3.2 Bestimmung der frequenzabhängigen elektrischen Impedanz 48
4.3.3 Messsystem für die mechanische Stimulation piezoelektrischer Messkörper . . . 51
4.4 Messdatenaufbereitung . . . 54
4.4.1 Sinusförmige Messignale . . . 55
4.4.2 Laden eines Kondensators . . . 55
4.4.3 Datenreduktion bei der Großsignalmessung . . . 56

5 Ergebnisse 61
5.1 Geometriekennwerte . . . 62
5.2 Frequenzabhängige elektrische Impedanz . . . 62
5.2.1 Planare Frequenzkonstanten . . . 62
5.2.2 Relative Permittivität . . . 64
5.2.3 Planarer Koppelfaktor . . . 65
5.3 Kleinsignalkennwerte . . . 66
5.3.1 Piezoelektrische Ladungskonstante . . . 68
5.3.2 Piezoelektrische Spannungskonstante . . . 68
5.3.3 Piezoelektrische Energiedichtekonstante . . . 70
5.3.4 Relative Permittivität . . . 70

5.3.5 Laden eines externen Speicherkondensators 72
5.4 Großsignalstimulation 77
5.4.1 Piezoelektrische Ladungskonstante 78
5.4.2 Piezoelektrische Spannungskonstante 82

6 Diskussion **83**
6.1 Einteilung piezoelektrischer Werkstoffe 84
6.1.1 Werkstoffe der Gruppen I, II, III, V und VI 86
6.1.2 Werkstoffe der Gruppen IV, VII und VIII 89
6.1.3 Sonderwerkstoffe der Gruppe IX 91
6.2 Generatorisches Werkstoffverhalten 92
6.2.1 Erregung mit aufgeprägter mechanischer Spannung 93
6.2.2 Erregung mit aufgeprägter Dehnung 98
6.2.3 Zyklische Energieentnahme 102
6.2.4 Schlussfolgerungen 104
6.3 Lastabhängigkeit der Werkstoffeigenschaften 105
6.3.1 Ferroelektrisch harte Werkstoffe der Gruppen I und III . . . 106
6.3.2 Ferroelektrisch weiche Werkstoffe der Gruppen II und VI . 107
6.3.3 Werkstoffe der Gruppen IV, VII, VIII und IX 110
6.3.4 Zusammenhang zwischen generatorischem Werkstoffverhalten und Werkstoffdegradation 110
6.3.5 Schlussfolgerungen 116
6.4 Piezoelektrische Generatoren 118
6.4.1 Bemessung und Herstellung 119
6.4.2 Wechsellastverhalten 121
6.4.3 Gleichspannungsverhalten 122
6.4.4 Energieanpassung 126

7 Zusammenfassung und Ausblick **127**

Literaturverzeichnis **133**

A Werkstoffkenndaten **147**

B Messwerte **159**
B.1 Impedanzmessung 160
B.2 Kleinsignalmessung unter mechanischer Stimulation 162
B.3 Laden eines Kondensators 164
B.3.1 Mechanische Randbedingung $T_3 = 1$ MPa 164
B.3.2 Elektrische Zielvorgabe $U_{max} = 10$ V 166
B.4 Großsignalmessung 168
B.4.1 Piezoelektrische Großsignalladungskonstante 168
B.4.2 Piezoelektrische Großsignalspannungskonstante 170

Zeichen, Benennungen und Einheiten

Kennzeichnung einer Größe:

$\mathbf{x}$	Tensor	
$\mathbf{X}$	Vektor, bei Werkstoffbetrachtungen	
$\vec{x}$	Vektor, bei elektrischen Feldern	
$\underline{x}$	komplexe Größe	

Variablen:

a	(Gitter-) Abstand	m
c	(Gitter-) Abstand	m
d	piezoelektrische Ladungskonstante	As/N
e	piezoelektrische Ladungsdichtekonstante	As/m^2
f	Frequenz	Hz
g	piezoelektrische Spannungskonstante	Vm/N
h	piezoelektrische E-Feldkonstante	V/m
i	elektrischer Wechselstrom	A
k	elektromechanischer Koppelfaktor	
k_{Klirr}	Klirrfaktor	
m	Richtungsvektor einer Raumgeraden	
n	Nachgiebigkeit	m/N
n	Ortsvektor einer Raumgeraden	
p	Dipolmoment	Asm
r	Raumgerade	
s	Nachgiebigkeit	m^2/N
t	Parameter einer Raumgeraden	

t	Zeit	s
u	elektrische Wechselspannung	V
A	Fläche	m^2
C	Kapazität	F
D	elektrische Flussdichte	As/m^2
E	Energie	J
E	elektrische Feldstärke	V/m
I	elektrischer (Gleich-) Strom	A
N	Frequenzkonstante	Hzm
P	Polarisation	As/m^2
R	Ohmscher Widerstand	Ω
S	mechanische Dehnung	
T	mechanische Spannung	N/m^2
U	elektrische (Gleich-) Spannung	V
V	Volumen	m^3
Y	gyratorische Wandlerkonstante	V/N
α	Winkel (zwischen c und a einer Elementarzelle)	
δ	homogener Dehnungsparameter	
ϵ	Permittivität	As/Vm
η	Wirkungsgrad	
μ	Poissonzahl	
ω	Kreisfrequenz $\omega = 2\pi f$	1/s
σ	Oberflächenladungsdichte	As/m^2
τ	Zeitkonstante	s
ξ	Verschiebung	m
$\tan\delta$	dielektrischer Verlustfaktor	
Δ	relative Änderung einer Elementarzelle	
Indizes:		
0	Anfangs-, Start- oder Referenzwert	
10%	10% -Ladezustand eines Kondensators	
90%	90% -Ladezustand eines Kondensators	
a	Antiresonanz	
b	festgebremst ($v = 0$)	

c	koerzitiv
el	elektrisch
f	freie (Piezokapazität) $(T = 0)$
gl	gleichgerichtet
in	innen
k	Kurzschluss $(i = 0)$
k	kubische Kristallstruktur
max	Maximalwert
$mech$	mechanisch
p	planar
r	Resonanz
r	remanent
ss	Spitze-Spitze
t	tetragonale Kristallstruktur
D	Dipol (-feld)
E	konstantes elektrisches Feld
F	Fluss (-spannung)
G	Generator
GS	Großsignal (-stimulation, -messung)
KS	Kleinsignal (-stimulation, -messung)
R	Sperr (-spannung bzw. -strom)
S	konstante Dehnung
T	konstante äußere mechanische Spannung
DC	Gleich (-spannung, -strom)
FEG	krafterregter Generator
$Last$	Last (-Kapazität)
SEG	Generator mit aufgeprägter Dehnung
$Spei.$	Speicher
TEG	Generator mit aufgeprägter mech. Spannung

Abkürzungen

bel.	belastet
unbel.	unbelastet
$BaTiO_3$, BT	Bariumtitanat
Bi_2O_3	Wismutoxid
$(Bi_{0,5}Na_{0,5})Ti0_3$	Wismutnatriumtitanat
Bi_2TiO_3	Wismuttitanat
BNT	Wismutnatriumtitanat
BNT–BT	Wismutnatriumtitanat–Bariumtitanat
$CaTiO_3$	Calciumtitanat
DFT	Fourier-Transformation eines zeitdiskreten Signals
FEM	Finite Element Methode
$GaPO_4$	Galliumorthophosphat
$KNbO_3$	Kaliumniobat
KNN	Kalium-Natrium-Niobat
$La_3Ga_5SiO_{14}$	Langasit
$La_3Ga_{5,5}Ta_{0,5}TO_{14}$	Langatat
$LiNbO_3$	Lithiumniobat
$LiTaO_3$	Lithiumtantalat
$NaNbO_3$	Natriumniobat
$PbNb_2O_6$	Bleimetaniobat
$PbTiO_3$	Bleititanat
$PbZrO_3$	Bleizirkonat
PMN	Bleimagnesiumniobat
PMN–PT	Bleimagnesiumniobat–Bleititanat
PVDF	Polyvinylidenfluorid
PZT	Bleizirkonattitanat

Kapitel 1

Einleitung

Das Bereitstellen elektrischer Energie ist ein wesentlicher Baustein einer modernen Gesellschaft, um den aus der hohen Dichte an Kommunikations- und Informationstechnologien ergebenden Lebensstandard zu ermöglichen. Der Vorteil elektrischer Energie ist die vergleichsweise einfache Umwandlung aus nichtelektrischen Energieformen, der verlustarme Transport über weite Strecken und die effiziente Umwandlung in andere Energieformen [1].

Die Erzeugung von Elektroenergie erfolgt heute zum größten Teil zentral in Großkraftwerken [2]. Dabei werden fossile Energieträger, wie Steinkohle, Braunkohle und Erdgas, verbrannt oder nukleare Energieträger, wie Uran, gespalten. Weiterhin wächst in Deutschland der Anteil dezentral erzeugter elektrischer Energie. Hierbei handelt es sich vorrangig um sogenannte erneuerbare Energien, z.B. Sonnen- , Wind- und Wasserkraft. Der Transport der Elektroenergie erfolgt über Kabelnetze [2]. Die Verbraucher dieser zentral erzeugten Elektroenergie sind große zentrale Strukturen wie Städte und Industrieparks.

Dem gegenüber stehen kleine dezentrale oder mobile Verbraucher, die nur sehr geringe Mengen an Elektroenergie benötigen. Bekannte Beispiele sind unter anderem digitale Armbanduhren, Mobiltelefone und tragbare Computer. Die benötigten Dauerleistungen spannen einen Bereich von 10 μW bis 100 W auf. Ein fester Anschluss an das Kabelnetz ist aufwendig bzw. funktionsbehindernd und daher nicht gewünscht. Aus diesen Gründen werden hier vorrangig Speicher für Elektroenergie, wie Batterien und Akkumulatoren, verwendet. Diese sind jedoch nur zeitlich begrenzt einsetzbar, so dass eine Wartung in Form von Austausch

oder Aufladung erfolgen muss. Dieser Mangel begrenzt in erheblichem Maße die Nutzungsmöglichkeiten und -dauer.
Ein innovativer Lösungsansatz ist der Einsatz von Kleinleistungsgeneratoren, die eine Umwandlung der verfügbaren nichtelektrischen Energien der Umgebung, wie mechanische Bewegungen, Wärme und elektromagnetische Strahlung, in elektrische Energie erlauben [3]. Besonders vorteilhaft sind dabei Festkörpergeneratoren. Diese nutzen besondere Werkstoffeigenschaften zur Energiewandlung aus und benötigen keine mechanisch bewegte Teile. Bei piezoelektrischen Generatoren findet ausschließlich eine elastische Verformung des Festkörpers statt. Das erlaubt eine Energieversorgung jenseits von Kabelnetzen und Zeithorizonten von batteriegetriebenen Systemen.
Folgende bekannte und kommerziell verfügbare Festkörpergeneratoren sind geeignet, elektrische Energie bereitzustellen:

- Thermoelektrische Generatoren
- Photovoltaische Zellen
- Piezoelektrische Generatoren

Der Fokus dieser Arbeit liegt auf piezoelektrischen Generatoren. Ziel ist die Bewertung kommerziell verfügbarer piezoelektrischer Werkstoffe bezüglich der Eignung für piezoelektrische Generatoren. Als Lösungsweg wurde eine systematische Untersuchung mit folgender Vorgehensweise gewählt:
Im Kapitel 2 *Stand der Technik* erfolgt ein Vergleich verschiedener Festkörpereffekte, die in der Lage sind, nichtelektrischer Energie in elektrische Energie umzuwandeln. Des Weiteren werden die historische Entwicklung piezoelektrischer Generatoren dokumentiert, kommerziell verfügbare piezoelektrische Werkstoffe vorgestellt und der Systemaufbau piezoelektrischer Generatoren schematisch eingeführt.
Das Kapitel 3 *Theoretische Grundlagen* erläutert das zu Grunde liegende Werkstoffverhalten. Hierbei wird besonders auf eine universell nutzbare mathematische Darstellung Wert gelegt, die es im Folgenden erlaubt, auch komplexe piezoelektrische Generatoren übersichtlich zu beschreiben.
Die messtechnischen Untersuchungen (Kapitel 4) orientieren sich an typischen Belastungen dynamisch erregter piezoelektrischer Generatoren. Für diesen Zweck wurden eine spezielle Messanordung und ein dazugehöriges Messverfahren entwickelt.

Das Kapitel 5 *Ergebnisse* bereitet die zahlreichen Daten der verschiedenen Messungen auf. Dabei werden die Werkstoffe in Gruppen eingeteilt, um einfache und leicht verständliche Übersichten zum Verhalten der Werkstoffe zu gewinnen. Das stellt die Basis für die *Diskussion* im Kapitel 6 dar. Hier wird besonders auf das allgemeine und das generatorische Werkstoffverhalten eingegangen. Gegenstand der Untersuchung sind auch die lastabhängigen Änderungen der Werkstoffeigenschaften. Abschließend werden noch die Auswirkungen des Werkstoffverhaltens auf piezoelektrische Generatorsysteme diskutiert.
Das Kapitel 7 fasst die Arbeit zusammen und gibt einen Ausblick.

Kapitel 2

Stand der Technik

2.1 Festkörpergeneratoren

Ein Generator (von generare lateinisch: hervorholen, erzeugen) ist in der Lage, Energien umzuwandeln. In der Natur stehen chemische, nukleare, thermische, mechanische und elektromagnetische Energien zur Verfügung. Häufig will man daraus elektrische Energie erzeugen. Das erfolgt in vielen Fällen über mehrere energetische Zwischenschritte. Bekanntestes Beispiel ist das Heizkraftwerk, bei dem aus der chemischen Energie fossiler Brennstoffe Wärme erzeugt wird, die über eine Wärmekraftmaschine zu mechanischer Energie und weiter über einen elektrischen Generator zu elektrischer Energie umgewandelt wird [4]. Für den letzten Schritt stehen verschiedene physikalische Prinzipien zur Verfügung [5], wobei am häufigsten die elektromagnetische Induktion [6] ausgenutzt wird. Durch mechanische Bewegung von Magnet und elektrischem Leiter zueinander wird in letzterem eine elektrische Spannung induziert. Derartige elektrische Generatoren werden für kleine Leistungen, z.B in Fahrraddynamos mit ca. 3 W, und für sehr hohe Leistungen, z.B. in Drehstrom-Synchronmaschinen für Kraftwerke mit Leistungen bis zu 2000 MVA, eingesetzt.
Dem gegenüber stehen sogenannte Festkörpergeneratoren. Die physikalischen Wandlerprinzipien werden dabei durch spezielle Werkstoffeigenschaften bestimmt. Die folgenden Festkörpereffekte:

- Thermoelektrisches Prinzip
- Magnetostriktives Prinzip

- Fotoelektrisches Prinzip
- Piezoelektrisches Prinzip

erlauben eine Umwandlung hin zu elektrischer Energie.
In der Literatur wird häufig diese Liste noch um das elektrostatische Prinzip [7], die Energieentnahme aus Funkwellen [8] und radioaktiven Quellen [9] ergänzt. Ersteres nutzt Energiewandlung aus der Bewegung zweier geladener Kondensatorplatten zueinander aus. Hierbei handelt es sich aber nicht um einen Festkörpereffekt, sondern es wird die Energie im Luftspalt zwischen zwei Kondensatorplatten genutzt. Für eine Energieentnahme aus Funkwellen, z.B. mittels RFID (Radio Frequency Identifikation, engl. Funkerkennungschip) [10] oder radioaktiven Quellen, was aufgrund der ionisierenden Wirkung der radioaktiven Strahlung [11] oder der thermischen Strahlung [9] mit einer Solarzelle vergleichbare Generatoren ermöglicht, sind entsprechend starke künstliche Quellen erforderlich. Das widerspricht aber grundsätzlich dem Lösungsansatz, vorhandene Energien der Umgebung auszunutzen. Aus den genannten Gründen entfallen diese Wandlerprinzipien in dieser Arbeit.
Im Folgenden werden die vier oben genannten Wandlerprinzipien genauer erläutert.

2.1.1 Thermoelektrisches Prinzip

Beim thermoelektrischen Effekt, einer Überlagerung der Seebeck-, Peltier- und Thomson-Effekte, entsteht aufgrund von Thermodiffusionsströmen in einem Werkstoff eine elektrische Spannung. Dazu ist ein thermischer Gradient, der einen Wärmefluss in einem elektrischen Leiter erzwingt, erforderlich [12]. Werkstoffe mit hoher Wandlereffizienz sind Legierungen von Tellur mit Wismut, Blei, Antimon, Germanium und Silber sowie Halbleiter auf der Basis von Silizium und Germanium. Der Wirkungsgrad ist mit Werten von bis zu 8%[1] sehr gering und liegt unterhalb des Carnotwirkungsgrades. Vorteilhaft ist die Ausnutzung thermischer Energie für die Erzeugung elektrischer Energie ohne die Verwendung mechanisch bewegter Teile. Das ist besonders bei Anwendungen mit hohen Anforderungen

[1] Unter der Annahme des werkstoffspezifischen Kennwertes ZT = 1 und einer Temperaturdifferenz von mehr als 100 K [12].

an die Lebensdauer bzw. bei Einschränkungen bezüglich der Wartung interessant. Darüber hinaus sind in der Umwelt zahlreiche Wärmequellen verfügbar.
Die bekannteste Anwendung ist der Radioisotopengenerator, wie er zum Beispiel in der Raumsonde Cassini/Huygens verwendet wird [13]. Hier ist zu erwähnen, dass eine zusätzliche Wärmequelle in Form eines radioaktiven Werkstoffes mit hoher Zerfallsrate mitgeführt wird.

2.1.2 Piezomagnetisches Prinzip

Der piezomagnetische Effekt beschreibt die Verknüpfung von mechanischen und magnetischen Feldgrößen in einem Festkörper. Eine mechanische Deformation erzwingt eine Änderung der Ausrichtung der Weissschen Bezirke (Domänen) im ferromagnetischen Werkstoff, was zwangsläufig zu einer Änderung des Magnetfeldes und somit zu einer Induktion einer elektrischen Spannung in einem umgebenden Leiter führt. Die Grundausrichtung der Domänen wird mit Hilfe eines magnetischen Gleichfeldes, z.B. durch einen Permanentmagneten, realisiert [14]. Bekannte magnetostriktive Werkstoffe sind Nickel, Metglas (amorphe Fe-B-Si-Legierung) und Terfenol-D ($Tb_{1-x}Dy_xFe_2$, $x = 0.27$). Dieser Festkörpereffekt ist grundsätzlich für elektrische Generatoren nutzbar, zeigt aber nur sehr geringe Leistungsdichten und Wirkungsgrade [15]. Hauptgründe sind die konstruktiven Schwierigkeiten, um einen geschlossenen Magnetkreis zu erhalten, und der hohe Anteil an magnetischen Streufeldern aufgrund der typischerweise geringen Baugröße dieser Art von Generatoren. Derzeit existieren dafür keine praktischen Anwendungen.

2.1.3 Fotoelektrisches Prinzip

Der fotoelektrische Effekt ist die Wechselwirkung zwischen einem gebunden Elektron im Festkörper, bei dem die Energie eines Photon absorbiert und somit aus dem Valenzband in das Leistungsband gehoben wird. In einem Halbleiter mit p-n-Übergang und dem damit vorhandenen elektrischen Feld driften das gelöste Elektron und das verbleibende Loch auseinander [16]. Es kommt zu einem Stromfluss. Der Effekt wird in Solarzellen zur Erzeugung von Elektroenergie genutzt. Bekannte Werkstoffe sind Halbleiter auf Basis von Silizium, Galliumarsenid und

Cadmiumtellurid. Der Wirkungsgrad erreicht Spitzenwerte bis nahezu 45%, wobei großtechnisch derzeit nur Wirkungsgrade von bis zu 20% realistisch sind [17].

2.1.4 Piezoelektrisches Prinzip

Das piezoelektrische Prinzip beruht auf der Änderung der inneren Polarisation eines Ionenkristalls bei einer Änderung des Deformationszustandes. Dieser Effekt ist Gegenstand dieser Arbeit und wird im Folgenden detaillierter diskutiert. Dabei wird besonders auf die historische Entwicklung, Werkstoffe und deren Verhalten unter generatorischen Gesichtspunkten eingegangen. Zahlreiche Messungen untermauern die gewonnenen Erkenntnisse.

2.1.5 Vergleich und Bewertung

Aufgrund der unterschiedlichen nichtelektrischen Ausgangsenergien ist ein Vergleich der Leistungsfähigkeit der verschiedenen Wandlerprinzipien nur sehr begrenzt möglich. Einzig magnetostriktive und piezoelektrische Generatoren nutzen mechanische Bewegungsenergie. Erschwerend kommt hinzu, das beim thermoelektrischen und beim fotoelektrischen Prinzip die Angabe der Leistungsdichte verwendet wird während beim magnetostriktiven und piezoelektrischen Prinzip die Energiedichte sinnvoller ist. Die Daten in Tabelle 2.1 stellen die Kennwerte aus der Literatur gegenüber.

Tab. 2.1: Energetischer Vergleich verschiedener Wandlerprinzipien

Quelle	Prinzip	Energiedichte	Bemerkung	Literatur
Wärme	thermoelektrisch	$50\ \mu J/cm^3$	$\Delta T \geq 10$ K	[12]
Licht	fotoelektrisch	$5\ mJ/cm^2$	direkte Sonne	[7, 18]
		$\ll 5\ mJ/cm^2$	in Gebäuden	[7, 18]
Bewegung	magnetostriktiv	$> 1\ mJ/cm^3$	theoretisch	[19]
		$\approx 10 \mu J/cm^3$	Prototyp	[15]
	piezoelektrisch	$1\ mJ/cm^3$	theoretisch	[20]
		$< 100\ \mu J/cm^3$	typisch	[7, 18]

Besonders hohe Mengen an elektrischer Energie erhält man durch solare Einstrahlung. Das ist ein wesentlicher Grund für die weite Verbreitung von Solarzellen und deren großtechnische Nutzung [21].

2.2 Historische Entwicklung

1880 entdeckten die Brüder Pierre und Jacques Curie an natürlich vorkommenden Kristallen den piezoelektrischen Effekt [22]. Dazu zählen zum Beispiel Turmalin, Quarz und Seignettesalz, einem Salz der Weinsäure, welches vom französischen Apotheker Pierre Seignette 1672 in La Rochelle entdeckt wurde. Nur ein Jahr (1881) später veröffentlichte Lippmann fundamentale thermodynamische Überlegungen zum piezoelektrischen Effekt [23]. Als Grund nahm man eine unsymmetrische Kristallstruktur an. In den folgenden Jahren wurde das Wissen diesbezüglich vertieft. Wichtigste Erkenntnis ist, dass von den 32 möglichen Kristallstrukturen 20 den piezoelektrischen Effekt aufweisen [24].

Erste Anwendung des piezoelektrischen Effektes war der Empfang hochfrequenter mechanischer Schwingungen, z.B. von Ultraschall in Festkörpern und Fluiden [25]. Bereits hier nutzte man die generatorischen Eigenschaften piezoelektrischer Werkstoffe im Bereich der Sensorik aus, wobei die Eingangsverstärker eine definierte Eingangsimpedanz aufweisen und somit eine elektrische Last darstellen.

Die erste Erwähnung des möglichen Einsatzes piezoelektrischer Werkstoffe für elektrische Generatoren erfolgte 1950 [26]. Dabei wurde erkannt, dass die Leistungsdichten und Wirkungsgrade im nichtresonanten Betrieb sehr niedrig ausfallen. Erst in Resonanz sind Leistungsdichten von $5 \ldots 10\ \mathrm{W/cm^3}$ bei einem Wirkungsgrad von fast 90% denkbar. Dazu werden aber mechanische Erregerfrequenzen im Bereich von $10 \ldots 100$ kHz benötigt.

Mit der Entdeckung ferroelektrischer Keramiken, wie Bariumtitanat (BT, 1944) und Blei-Zirkonat-Titanat (PZT, 1952) [27], die hohe elektromechanische Koppelfaktoren aufweisen, entwickelte sich das Anwendungsfeld der piezoelektrischen Zünder [28]. Mögliche Einsatzgebiete sind das Zünden von Gasgemischen in Verbrennungsmotoren oder von Sprengstoffen [29]. Bekanntestes Beispiel ist das piezoelektrische Feuerzeug [30], wie in Abbildung 2.1 gezeigt. Die Funktionsweise beruht auf einer stoßförmigen Belastung eines langen, schlanken piezoelektrischen

Abb. 2.1: Schnittbild eines kommerziellen piezoelektrischen Funkengenerators mit (1) piezoelektrische Körper, (2) Rückholfeder, (3) Hammer und (4) Vorspannfeder.

Stabes. Technisch wird das über einen kleinen Hammer, beschleunigt durch eine gespannte Feder, realisiert. Die weiten Elektrodenabstände von mehr als 5 mm und der mechanische Impuls erlauben das Erzeugen hoher Spannungen von mehr als 10 kV. Unter diesen Voraussetzungen kommt es zum Funkendurchschlag in der Luft [31]. In [32] wird zusätzlich noch die Möglichkeit in Betracht gezogen, die elektrische Energie über eine Diode zu leiten und auf einem Kondensator zu speichern. Damit stünde die Energie für weitere Anwendungen zur Verfügung.
Ein sehr ähnlicher Ansatz wird auch in Festkörperbatterien verfolgt [32]. Hierbei wird die Speicherfähigkeit von elektrischer Energie in ferroelektrischen Werkstoffen ausgenutzt. Das Polen (Abschnitt 3.2.2a) erzwingt eine Ausrichtung der Domänen, deren Polarisation entsprechende Kompensationsladungen binden. Bei hoher mechanischer Belastung im Bereich 30...500 MPa tritt eine Depolarisation (Abschnitt 3.2.2b) der Werkstoffe ein. Dadurch erfolgt eine Neuausrichtung der Domänen mit entsprechender Änderung der integralen Polarisation und der gebundenen Kompensationsladungen. Vorteile dieses Ansatzes sind die langzeitstabile Speicherung elektrischer Energie mit hoher Leistungsdichte und die Wiederaufladbarkeit.
Eine weitere Anwendung, bei der die generatorischen Eigenschaft piezoelektrischer Werkstoffe ausgenutzt wird, ist der piezoelektrische Transformator. Erste Überlegungen dazu wurden 1931 von Nicolson verfasst [33]. Grundprinzip ist, dass ein piezoelektrischer Körper in einem Bereich durch ein Elektrodenpaar elektrisch zu mechanischen Schwingungen angeregt wird. An anderer Stelle kann mit Hilfe eines zweiten Elektrodenpaares die mechanische Bewegung wieder in elektrische Energie umgewandelt werden. Durch definierte Auswahl der Elektrodenabstände auf Primär- und Sekundärseite lässt sich ein bestimmter Spannungsübertragungsfaktor einstellen. Erst 1952, als ferroelektrische Piezoelektrika

mit hohen elektromechanischen Koppelfaktoren zur Verfügung standen, rückten piezoelektrische Transformatoren wieder in den Fokus des Interesses [34]. Vorteilhafterweise nutzt man Schwinger, die aufgrund ihrer Geometrie, z.B. lange Stäbe und Kreisscheiben [35], bevorzugt bei einer Frequenz im Bereich von 10...500 kHz in Resonanz schwingen. Dadurch lassen sich, wie schon von Mason [26] vorhergesagt, hohe Leistungsdichten und hohe Wirkungsgrade erzielen. Das wichtigste Anwendungsfeld von piezoelektrischen Transformatoren ist die Erzeugung von Hochspannung, z.B. für den Betrieb von Kaltkathodenlampen [36, 37].

Erste Überlegungen bezüglich der Nutzung piezoelektrischer Generatoren zur Versorgung elektronischer Schaltungen kamen 1980 von Ledenbach [38], der energieautarke Sensoren für die Überwachung von Fahrzeugreifen vorschlug. Bei zu geringem Luftdruck steigt die Verformung der Reifen und damit auch die des darauf applizierten piezoelektrischen Wandlers. Die generierte elektrische Energie wird einer Funkelektronik zugeführt, die dem Fahrzeugführer einen Hinweis zum Zustand der Räder sendet. Diese Idee war damals ihrer Zeit weit voraus. Heute rückt diese Anwendung wieder stärker in den Fokus, da gesetzliche Auflagen eine Reifenkontrolle bei Neufahrzeugen fordern [39].

Erstes kommerziell verfügbares Produkt mit piezoelektrischem Generator als Energiequelle für die Elektronik war ein Lichtschalter für die Gebäudeautomatisierung [40]. Die manuelle Schalterbewegung dient als Quelle mechanischer Energie mit maximal 0,1 J [41]. Der piezoelektrische Generator ist als Biegewandler ausgeführt, dessen elektrische Spannung mit Hilfe eines DC-DC-Wandlers auf 3,3 V reguliert wird. Der Gesamtwirkungsgrad beträgt weniger als 5%. Dennoch reicht die elektrische Energie aus, mindestens drei kurze Funktelegramme über mehr als 100 m zu senden. Ein Empfänger nutzt diese Signale zur Steuerung der Beleuchtung in Gebäuden. Vorteile sind die deutlichen Einsparungen bei der Verkabelung der Gebäude und die Flexibilität bezüglich der Positionierung der Schalter. Die Verwendung piezoelektrischer Generatoren erlaubt, im Vergleich zu Batterien, eine nahezu unbegrenzte Nutzungsdauer.

Der funktionelle Nachweis, dass piezoelektrische Generatoren in der Lage sind, eine Elektronik zu betreiben, und der Bedarf an derartigen Produkten haben einen sehr starken Einfluss auf den Forschungsmarkt. Ziel ist es, weitere ähnliche Produkte zu entwickeln. Diverse Marktstudien [42, 43] sehen in energieautarken, funkvernetzen Sensoren für die Zukunft große Chancen für eine breite Markteinführung. Mögliche Anwendungsgebiete sind die Überwachung von mechanischen Strukturen oder Anlagen, die weiterführende Gebäudeautomatisierung und die Logistik, z.B. die Verfolgung von Containern und die Überwachung der Fracht bezüglich relevanter Umweltgrößen wie Temperatur und Luftfeuchte.

Als Beispiel seien Sensoren für die Strukturüberwachung an Flugzeugkomponenten genannt [44], da der zunehmende Einsatz von kohlefaserverstärkten Kunststoffen neue Methoden der Prüfung erforderlich macht. Interessante Möglichkeiten bieten verteilte, funkvernetzte, energieautarke Sensoren, die entweder in die Struktur eingebettet oder auf diese appliziert sind. Die benötigte elektrische Energie muss dann vor Ort erzeugt werden. Bei Flugzeugen bieten sich piezoelektrische Generatoren an, da die Struktur während eines Fluges dynamischen mechanischen Belastungen ausgesetzt ist. Im Rahmen des Forschungsprojektes *CoolSensornet* [44] wurde dazu ein piezoelektrischer Generator entwickelt (Abbildung 2.2). Besonderes Merkmal sind die vier einseitig eingespannten und elektrisch parallelgeschalteten Biegeschwinger mit dreieckförmiger Geometrie und einer seismischen Massebelastung am freien Ende. Die Arbeitsfrequenz liegt bei ca. 550 Hz. Der Ausgangspunkt der mechanischen Schwingungsenergie ist der Strömungsabriss an der Außenhaut des Flugzeuges, der durch die gesamte Struktur geleitet wird und somit überall als Quellenergie zur Verfügung steht.

Abb. 2.2: Prototyp eines piezoelektrischen Generators aus [44]

In einem weiteren Forschungsprojekt *PiezoEN* wurden energieautarke Sensoren für die Überwachung von Belastungen auf Beinprothesen und Brücken untersucht [45].

Ein besonderer Fokus der Forschung liegt auch auf der Analyse dynamischer mechanischer Energiequellen und deren Ausnutzung durch piezoelektrische Generatoren. In [46] wird über resonant betriebende piezoelektrische Biegewandler diskutiert. Hier stellt sich besonders die mechanische Güte des Schwingers als entscheidender Kennwert für eine effiziente Energiewandlung dar. Andere relevante, konstruktiv bedingte Designparameter, wie inhomogene Spannungsverteilung in Biegewandlern, Nutzung der Querkopplung (d_{31} vergleiche Tabelle 3.1) im piezoelektrischen Werkstoff oder mögliche resonanzbedingte Überlastung der Werkstoffe, werden nur am Rande erwähnt.

Eine sehr exotische Idee der Energiegewinnung mit piezoelektrischen Generatoren ist in [47, 48] beschrieben. Hierbei nutzt man energiereiche Betastrahlung aus einem radioaktiven Material. Die ausgesandten Teilchen lenken sehr kleine, in MEMS-Technologie gefertigte, piezoelektrische Biegeschwinger aus und generieren so elektrische Energie.

Die aufgeführten Beispiele zeigen die vielfältigen Anwendungsmöglichkeiten piezoelektrischer Generatoren, da in der Umgebung oft genügend mechanische Schwingungsquellen zur Verfügung stehen. Den entscheidenden Einfluss auf die Leistungsfähigkeit piezoelektrischer Generatoren haben die Wandlerwerkstoffe.

2.3 Werkstoffe

Es existieren 32 Kristallklassen, von denen 20 einen unsymmetrischen Aufbau aufweisen und somit grundsätzlich piezoelektrische Eigenschaften besitzen [49]. Daraus ergibt sich eine Vielzahl potentieller Werkstoffe für piezoelektrische Generatoren. Bereits 1972 wurden mehr als 500 konkrete Werkstoffe aufgeführt [50]. Natürlich vorkommende Einkristalle mit piezoelektrischen Eigenschaften sind zum Beispiel Turmalin, Quarz und Seignettesalz. Für praktische Anwendungen hat von diesen nur noch Quarz in den Bereichen Messtechnik für Kraft, Druck und Beschleunigung [51] sowie in der Elektronik für Oszillatoren [52] eine technische Bedeutung. Dem gegenüber stehen künstlich hergestellte piezoelektrische Einkris-

talle, z.B. Galliumorthophosphat ($GaPO_4$) [53], Langatat ($La_3Ga_{5,5}Ta_{0,5}TO_{14}$) und Langasit ($La_3Ga_5SiO_{14}$) [54], die hauptsächlich als Alternative zu Quarz angeboten werden.
Darüber hinaus existieren ferroelektrische Polymere mit piezoelektrischen Eigenschaften. Bekanntestes Beispiel ist Polyvinylidenfluorid (PVDF) [55], das typischerweise in der Akustik für Hydrofone und Mikrofone verwendet wird [56].
Piezoelektrische und ferroelektrische Eigenschaften wurden auch an biologischen Stoffen nachgewiesen [57]. Dazu zählen Desoxyribonucleinsäuren, Muskelproteine, Kollagen und Keratin sowie einige Naturwachse und -harze.
Für Anwendungen in piezoelektrischen Generatoren sind die bisher aufgeführten Werkstoffe aufgrund der sehr geringen elektromechanischen Koppelfaktoren weniger geeignet.
Dem gegenüber stehen ferroelektrische Keramiken, die nach dem Polungsprozess gerichtete piezoelektrische Eigenschaften aufweisen [58]. Diese zeigen sehr hohe elektromechanische Koppelfaktoren, was für technische Anwendungen, z.B. piezoelektrische Generatoren, äußerst wichtig ist. Typischerweise handelt es sich dabei bei um Oxidkeramiken unterschiedlicher Zusammensetzungen, die sich vergleichsweise einfach herstellen lassen. Werkstoffe, die eine technische Bedeutung erlangt haben, weisen eine Perowskit-, Wolfram-Bronze- oder Wismutschichtstruktur auf. Einige dieser Keramiken können auch als Einkristalle hergestellt werden, z.B. Bariumtitanat (BT) [59], Kaliumnatriumniobat (KNN) [60] und Bleimagnesiumniobat–Bleititanat (PMN–PT) [61]. Letztere weisen besonders hohe elektromechanische Koppelfaktoren auf. Das wird unter anderem durch die spezielle Grundausrichtung der Domänen und feldinduzierte Phasenübergänge erreicht [61].

2.3.1 Perowskitstruktur

Der Name Perowskit, benannt nach Graf Lew Alexejewitsch von Perowski, stammt von dem relativ häufig auftretenden Mineral Calciumtitanat $CaTiO_3$ [62]. Die Perowskitstruktur bezieht sich auf eine kubische Kristallstruktur vom Typ ABO_3, die interessanterweise im namensgebenden Calciumtitanat nicht vorliegt [59]. Die Anordnung der A-Ionen erfolgt in einer kubischen Raumstruktur. Die sechs kubisch-flächenzentrierten Sauerstoffatome bilden um das B-Atom, das pseudokubisch-raumzentriert angeordnet ist, einen Sauerstoffoktaeder (Abbildung 3.1). Die Perowskitstruktur lässt Verzerrungen von bis zu 7% aus der kubischen Kristallstruktur zu, die zum Beispiel zu einer tetragonalen Kristallstruktur führen [63]. Gerade diese Gitterverzerrung und deren gezielte Ausrichtbarkeit ist für ferroelektrische Piezoelektrika funktionsbestimmend.

a) Keramiken einfacher chemischer Zusammensetzung

Typische Vertreter sind Bariumtitantat $BaTiO_3$, z.B. PIC 100 [64], und Bleititanat $PbTiO_3$, z.B. BM300 [65]. Erwähnenswert ist, dass die genannten kommerziellen Werkstoffe im Allgemeinen Dotierungen aufweisen, mit denen die Eigenschaften, Qualität und Produzierbarkeit gezielt beeinflusst werden können. Diese Werkstoffe werden aufgrund der geringen akustischen Impedanz und der geringeren Querkopplung ausschließlich im Ultraschallbereich eingesetzt.

b) Keramiken komplexer chemischer Zusammensetzung

Als Komplexkeramiken (Komplexperowskite) werden feste Lösungen, bestehend aus zwei oder mehreren Perowskiten, bezeichnet. Bekanntester Vertreter ist das binäre System Bleizirkonattitanat (PZT). Hierbei nutzt man die Mischbarkeit von tetragonalem ferroelektrischem Bleititanat ($PbTiO_3$) und rhomboedrischem antiferroelektrischem Bleizirkonat ($PbZrO_3$) aus [58]. Bei einen Zirkon-Titan-Verhältnis von ca. 52:48 tritt ein morphotroper Phasenübergang[2] auf, d.h. dass die tetragonale und rhomboedrische Phase zu gleichen Anteilen koexistieren. In diesem Übergangsbereich weisen diese Werkstoffe hohe elektromechanische Koppelfaktoren auf. Durch das Hinzufügen von Dotierstoffen und der Übergang zu ternären und quaternären Systemen, d.h feste Lösungen, bestehend aus drei bzw. vier Perowskiten [66] lassen sich die Eigenschaften massiv beeinflussen.
Alternativen zum PZT sind seit langem bekannt [67], haben aber bisher keine technische Bedeutung erlangt, da die elektromechanischen Koppelfaktoren deutlich kleiner sind. Erst gesetzliche Auflagen, die auf ein Bleiverbot in Konsumgütern zielen, förderten die Forschung nach alternativen, bleifreien Werkstoffen [68].

[2] Der Übergangsbereich mit der Koexistenz verschiedener Phasen wird in der Literatur häufig auch als morphotrope Phasengrenze bezeichnet.

Als ein Beispiel ist die feste Lösung aus orthorhombisch ferroelektrischem Kaliumniobat ($KNbO_3$) und monoklin antiferroelektrischem Natriumniobat ($NaNbO_3$) zu nennen [69]. Günstige Eigenschaften ergeben sich bis zu einer Zusammensetzung von 50 Mol-% $NaNbO_3$, wobei die elektromechanischen Koppelfaktoren von modernen PZT-basierten Hochleistungswerkstoffen bisher nicht erreicht wurden. Allerdings konnten durch intensive Forschung an dieser festen Lösung die elektromechanischen Eigenschaften deutlich verbessert werden, so dass sie inzwischen ein Niveau von ferroelektrisch harten Werkstoffen auf Basis von PZT erreichen [70]. Eine weitere Steigerung erhofft man sich durch texturierte Keramiken, d.h. einer gezielten Ausrichtung der Domänen über die Kristallorientierung [71]. Aktuell existiert aber kein kommerzieller Anbieter für Keramiken auf Basis von KNN. Dieser Verbindung werden bei einem Bleiverbot die besten Chancen für eine breite Markteinführung eingeräumt [72, 73].

Ein weiteres Beispiel ist das ternäre System der festen Lösung aus rhomboedrischem Wismutnatriumtitanat ($(Bi_{0,5}Na_{0,5})Ti0_3$) und tetragonalem Bariumtitanat ($BaTiO_3$). Ein morphotroper Phasenkoexistenzbereich bildet sich bei einer Zumischung von 6 Mol-% BT aus [74]. In diesem Bereich werden vorteilhafte elektromechanische Eigenschaften des Werkstoffes erzielt. Diese lassen sich durch Einbringen einer Textur in die Keramik weiter steigern [75]. BNT-BT ist kommerziell verfügbar (PIC700 [64]). Die elektromechanischen Eigenschaften sind vergleichbar mit denen von Bariumtitanat, z.B. PIC110 [64]. Der Einsatztemperaturbereich ist aber deutlich höher.

Darüber hinaus existieren weitere feste Lösungen, bestehend aus unterschiedlichen Elementen [76, 67, 50], die keine wirtschaftliche Bedeutung erlangt haben und damit nicht kommerziell verfügbar sind. Hauptgrund sind die deutlich kleineren elektromechanischen Koppelfaktoren.

2.3.2 Wolfram-Bronze-Struktur

In der Wolfram-Bronze-Struktur kristallisieren oxidische Verbindungen, die im Allgemeinen Wolfram enthalten. Es existieren aber auch Verbindungen, die kein Wolfram enthalten. Die Zuordnung in diesen Strukturtyp erfolgt aufgrund des vergleichbaren strukturellen Aufbaus. Die allgemeine Formel lautet $A_xB_2O_6$.

Bleimetaniobat ($PbNb_2O_6$) war die erste synthetisierte ferroelektrische Keramik, die keine Perowskitstruktur aufwies [77]. Dieser Werkstoff besitzt eine orthorhombische Phase [78, 79], wobei auch eine größere, komplexere Struktur als die kleine Elementarzelle des Alkalinoibates betracht werden muss [77]. Besondere Eigenschaften sind eine hohe Curietemperatur, eine sehr niedrige mechanische Güte Q und ein hohes Verhältnis von d_{33}/d_{31}, so dass diese Keramiken hervorragend für Ultraschallanwendungen geeignet sind. Kommerziell verfügbare Werkstoffe sind zum Beispiel BM921 und BM941 [65], die auch in dieser Arbeit Gegenstand der Untersuchungen sind.

2.3.3 Aurivillius-Phasen

Aurivillius-Phasen werden häufig auch als perowskitähnliche Strukturen bzw. Wismutschichtverbindungen bezeichnet. Der Aufbau ist zweigeteilt. Schichten, welche in zwei Richtungen unendlich ausgedehnt sind und eine Perowskitstruktur, bestehend aus einer oder mehreren Perowskiteinheiten, aufweisen, wechseln sich mit Zwischenschichten, die zum Beispiel aus Wismutoxid $Bi_2O_2^{2+}$ bestehen, ab. Kompositionen mit diesem Aufbau können durch die Formel $Bi_2A_{x-1}B_xO_{3x+3}$ beschrieben werden [59].

Wismuttitanat (Bi_2TiO_3) ist der bekannteste Vertreter und weist eine ferroelektrisch monokline Phase in einer Pseudoperowskitstruktur (Wismutschichtverbindung) [80] auf. In dieser Arbeit wird der kommerzielle Werkstoff Pz46 [81] untersucht.

2.3.4 Ilmenitstrukturen

Der Name Ilmenit stammt von dem relativ häufig auftretenden Mineral Titaneisen ($FeTiO_3$). Die Ilmenitstruktur bezieht sich auf eine trigonale Kristallstruktur vom Typ ABO_3 [49]. Technisch interessante Werkstoffe sind Lithiumniobat ($LiNbO_3$) und Lithiumtantalat ($LiTaO_3$), wobei ausschließlich Einkristalle verwendet werden. Anwendungsgebiete sind akustische Filter und die Optik, da diese Werkstoffe transparente Eigenschaften sowie einen von der Polarisationsrichtung abhängigen Brechungsindex besitzen [82].

2.4 Werkstoffbewertung

Festkörpergeneratoren sollen mit hoher Effizienz mechanische in elektrische Energie wandeln. Ein Ziel dieser Arbeit ist es, die relevanten Eigenschaften und deren zweckmäßige Kombinationen zu erarbeiten. Dies soll eine Bewertung kommerziell verfügbarer Werkstoffe hinsichtlich der Eignung für piezoelektrische Generatoren erlauben. In der Literatur existieren dazu lediglich erste Ansätze [83, 71, 46].
Vergleiche von piezoelektrischen Werkstoffen untereinander ohne spezifische Angabe des Anwendungsgebietes sind in der Literatur zahlreich zu finden. Als Beispiel dienen an dieser Stelle neuere Untersuchungen bezüglich bleifreier Werkstoffe, da hier verschiedene Kristallstrukturen und Kompositionen berücksichtigt werden. In [70] sind das BT, BNT, PZT und KNN sowie neu entwickelte Kompositionen auf Basis von KNN mit Zusätzen von Lithium und Tatal, teilweise unter Einbringung einer Textur mit Hilfe von Keimkristallen. Auffälligstes Merkmal ist, dass Kompositionen auf Basis von PZT die höchsten elektromechanischen Koppelfaktoren aufweisen. Selbst aufwändig hergestellte texturierte Werkstoffe auf Basis von KNN konnten diese Werte nicht erreichen.
Ein sehr ähnliches Bild ergibt sich auch in [71]. Werkstoffe mit einer Perowskitstruktur zeigen gegenüber Werkstoffen ohne Perowskitstruktur die höchsten elektromechanischen Koppelfaktoren, wobei bleifreie Kompositionen im Vergleich zu bleihaltigen Kompositionen wiederum schlechter abschneiden. Darüber hinaus wird in [71] eine lineare Abhängigkeit der Werkstoffeigenschaften prinzipiell erwähnt, aber detailliert darauf nicht näher eingegangen.
Für piezoelektrische Zündelemente bietet die Firma Ceramtec [84] zwei unterschiedliche Werkstoffe an, den ferroelektrisch weichen Werkstoff P5 für Schlagzünder (Abbildung 2.1) und den ferroelektrisch harten Werkstoff P41 [84] für Quetschzünder. Beide Werkstoffe weisen bei einer deutlich unterschiedlichen piezoelektrischen Ladungskonstante d_{33} eine vergleichsweise hohe piezoelektrische Spannungskonstante g_{33} auf (Tabelle A.1). Die unterschiedlichen Anwendungsgebiete ergeben sich aus der mechanischen Belastung. Beim Schlagzünder treten nur kurze, hohe mechanische Lasten auf, die zu keiner nennenswerten Degradation führen können [85]. Das erlaubt den Einsatz ferroelektrisch weicher Werkstoffe mit einer hoher piezoelektrischen Ladungskonstanten d_{33}, wie z.B. P5 [84]. Im Vergleich dazu werden bei Quetschzündern die Wandlerwerkstoffe über einen

längeren Zeitraum mechanisch beansprucht, so dass eine Degradation eintreten kann [85]. Somit ist der Einsatz ferroelektrisch harter Werkstoffe, wie z.B. P41 [84], sinnvoll.

In [86] wurde erkannt, dass das Produkt der piezoelektrischen Spannungskonstanten g_{33} und der piezoelektrischen Ladungskonstanten d_{33} die piezoelektrische Energiedichtekonstante beschreibt (Gleichung (3.12)). Ein Maximum ergibt sich bei

$$Max\,(d \cdot g) = \epsilon^{2n-1}, \tag{2.1}$$

wobei n eine Werkstoffkonstante ist, die sich aus piezoelektrischer Ladungskonstante und Permittivität berechnet [86]. Typischerweise liegen die Werte für n zwischen 1,1 und 1,3. Leider erschließt sich kein signifikanter Vorteil dieser neu eingeführten Werkstoffkonstanten n. Es existieren Werkstoffe mit nahezu identischen Werten für n, die aber deutlich unterschiedliche piezoelektrische Energiedichtekonstanten aufweisen. Als Beispiel seien APC 840 [87], mit n = 1,198 und $d_{33} \cdot g_{33} = 7685 \cdot 10^{-15}$, sowie Pz39 [81], mit n = 1,194 und $d_{33} \cdot g_{33} = 14400 \cdot 10^{-15}$ zu nennen.

Dieser Mangel wird in [20] umgangen, indem als Kriterium ausschließlich die piezoelektrische Energiedichtekonstante Anwendung findet. Dabei gilt zu beachten, dass es in Abhängigkeit von der mechanischen Stimulation zwei verschiedene piezoelektrische Energiedichtekonstanten (Gleichungen (3.12) und (3.13)) gibt. Dieser Ansatz ist Basis für die vorliegende Arbeit.

Ein weiterer Versuch, piezoelektrische Werkstoffe vergleichend zu bewerten, ist in [46] zu finden. Dafür wurden piezoelektrische Bimorph-Biegewandler, bestehend zwei piezoelektrischen Platten und einem metallischen Träger, verwendet. Es zeigt sich, dass für resonant betriebene Biegestrukturen die Nachgiebigkeit s und die Schwinggüte Q einen erheblichen Einfluss auf die Leistungskenndaten der piezoelektrischen Generatoren haben. Das äußert sich besonders bei der Resonanzfrequenz und der maximalen Amplitude. Erschwerend kommt hinzu, dass die dynamisch betriebenen piezoelektrischen Biegewandler mit einem elektrischen Lastwiderstand abgeschlossen werden, dessen optimaler Wert sich aus der Permittivität des Wandlerwerkstoffes und der Resonanzfrequenz ergibt (Gleichung (6.33)). Durch diese vielfältigen Abhängigkeiten der Werkstoffeigenschaften und

die sich daraus ergebenden notwendigen Anpassungen für vergleichende Untersuchungen ist kein zusammenhängender Werkstoffvergleich möglich. Das wurde auch in [46] erkannt.
Die Degradation ausgewählter ferroelektrischer Werkstoffe unter statischer Druckbelastung ist in der Literatur gut dokumentiert [88, 85]. Dabei wurden die Werkstoffe teilweise mit sehr hohen Lasten bis zur Bruchgrenze beaufschlagt. Somit können diese Ergebnisse nur begrenzt für piezoelektrische Generatoren Verwendung finden, da diese üblicherweise nur mit geringen dynamische Lasten betrieben werden. Die in [89] für wenige ausgewählte Standardwerkstoffe angegebenen typischen Lastgrenzen lassen keine generalisierten Aussagen zu, so dass es ein weiteres Ziel der vorliegenden Arbeit ist, entsprechende zulässige Lasten zu ermitteln.

2.5 Systemintegration

Die Abbildung 2.3 zeigt den schematischen Aufbau eines piezoelektrischen Generators gemäß [20]. Kernstück ist der Wandlerwerkstoff, der aufgrund seiner Festkörpereigenschaften die Energiewandlung ermöglicht. Darüber sind im Allgemeinen zusätzliche Maßnahmen erforderlich, um den Energietransfer zu optimieren.
Auf mechanischer Seite erfolgt eine Anpassung des Kraft-Auslenkungsverhältnisses durch mechanisch-mechanische Umformer. Das können zum Beispiel Biegestrukturen sein. Diese zusätzlichen Mechanismen sind zwar verlustbehaftet, ermöglichen aber einen deutlich besseren Gesamtwirkungsgrad des piezoelektrischen Generators. Eine weitere Einflussgröße ist der angepasste geometrische Aufbau, definiert durch die mechanisch aktive Fläche F_{mech} und mechanisch aktive Länge l_{mech} des Wandlerwerkstoffs.
Auf elektrischer Seite erfolgt eine Anpassung des Strom-Spannungsverhältnisses in erster Linie durch die elektrisch aktive Fläche F_{el} und die elektrisch aktive Länge l_{el}. So sind zum Beispiel die Elektrodenabstände ($l_{el} \gg 1$mm) in Funkengeneratoren sehr groß, was die Erzeugung sehr hoher Spannungen erlaubt (Abbildung 2.1). Zur Vermeidung von Konflikten im Design bezüglich der mechanischen Größen F_{mech} und l_{mech} nutzt man verschiedene Herstellungstechnologien, z.B die

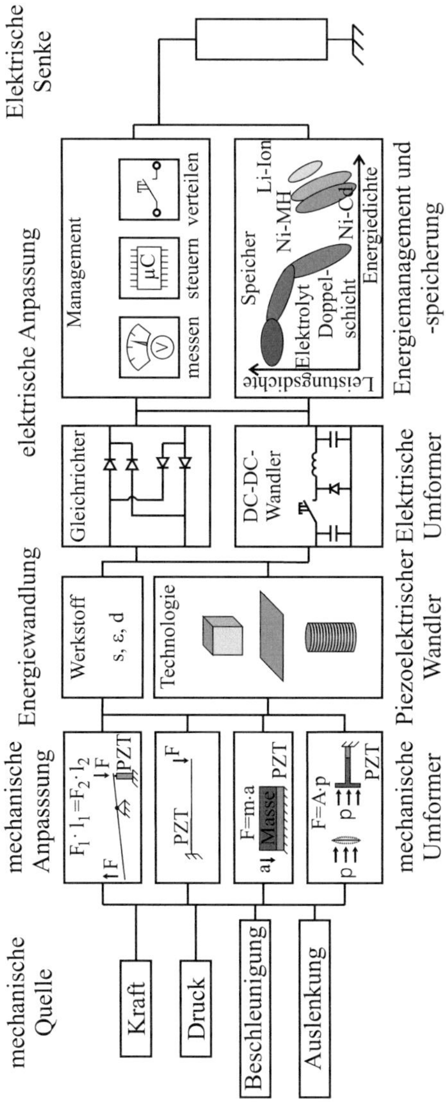

Abb. 2.3: Schematischer Aufbau piezoelektrischer Generatoren

keramische Vielschichttechnik [58, 66]. Damit lassen sich die Geometriekennwerte nahezu unabhängig einstellen, was eine optimale mechanische und elektrische Anpassung der piezoelektrischen Wandlerelemente an Quelle und Senke erlaubt. Der elektrische Energietransfer kann durch elektrisch-elektrische Umformer weiter verbessert werden. Hierbei wendet man im Allgemeinen kommerziell verfügbare Schaltregler [40] an. Diese zeichnen sich durch einen geringen Eigenenergieverbrauch und einen hohen Wirkungsgrad aus [90]. Trotz der Verluste in elektrischen Umformern ermöglichen diese einen besseren Gesamtwirkungsgrad des piezoelektrischen Generators.

Ein Speicherkondensator, aus dem der Verbraucher elektrische Energie entnimmt, erlaubt unterschiedliche Zyklen von Energieerzeugung und -verbrauch. Es ist aber auch, wie in [40] gezeigt, ein direkter Anschluss der Nutzelektronik an den piezoelektrischen Generator denkbar.

Das vergleichsweise geringe Energieangebot piezoelektrischer Generatoren erlaubt nur sehr sparsame Verbraucher. Dennoch lassen sich zahlreiche Funktionen, wie Messwerterfassung, Messdatenverarbeitung und Datentransfer über elektromagnetische Wellen realisieren. Dafür werden sehr verbrauchsarme Elektronikkomponenten und Softwareimplementierungen sowie Arbeitszyklen mit sehr kurzer Einschaltdauer (engl. Duty Cycle) und langem Ruhemodus (engl. Sleep Mode) benötigt [91].

Kapitel 3

Theoretische Grundlagen

Der Generatoreffekt in ferroelektrischen Piezoelektrika beruht auf der Freisetzung von Kompensationsladungen bei einer äußeren mechanischen Belastung infolge der Änderung der inneren Polarisation, hervorgerufen durch Verschiebungen von Ionen. Zwei Effekte sind zu unterscheiden. Zum Einen entsteht durch die belastungsabhängige Deformation der Elementarzellen ein linearer Anteil. Dieser wird in dieser Arbeit am Beispiel einer tetragonalen Elementarzelle erläutert. Zum anderen ergibt sich aus der sprungartigen Reorientierung der Polarisation der Elementarzellen ein zusätzlicher nichtlinearer Anteil. Die Beschreibung erfolgt hier beispielhaft an einem anisotropen Vielkristall. Spezielles Augenmerk wird auf die reversible und irreversible Bewegung von Domänenwänden gelegt.

Die mathematische Beschreibung der Ladungsträgerfreisetzung durch die Deformation der Elementarzelle und durch reversible Bewegungen von Domänenwänden erfolgt mit Hilfe bekannter piezoelektrischer Gleichungen [58]. Die dazu notwendigen Linearisierungen im Arbeitspunkt (Frequenz und Belastungsamplitude) sind zulässig [19]. Die Weiterentwicklung der Gleichungen zu einem Zweitormodell erlaubt die Anwendung von Standardschaltungssimulatoren.

3.1 Definitionen

3.1.1 Piezoelektrischer Körper

Gegenstand der Untersuchungen sind elektrodierte und gepolte piezoelektrische Körper (Tabelle 3.1). Die raumrichtungsabhängigen Eigenschaften der Werkstoffe erfordern die Angabe der wirkenden Felder in einem Koordinatensystem [58]. Speziell für die Piezokeramik gilt die transversale Isotropie, eine Spezialform der Anisotropie bzw. der Orthotropie [92]. In diesem Fall existiert eine isotrope (Bezugs-) Ebene, in der die Eigenschaften (elastisch, elektrisch und piezoelektrisch) richtungsunabhängig sind. Die Richtung der Polarisation mit dazu abweichenden Werkstoffeigenschaften steht senkrecht dazu. Vereinfachend ergeben sich daraus drei technisch sinnvolle mechanische Arbeitsrichtungen: parallel (d_{33}) und senkrecht (d_{31}) zum elektrischen Feld sowie der Schereffekt (d_{15}). In Tabelle 3.1 sind die relevanten Koppelgrößen und die dazugehörigen Geometriekenngrößen aufgelistet. Diese Angaben werden speziell für die mathematische Beschreibung (Abschnitt 3.3) benötigt.

Der piezoelektrische Körper kann auch ferroelektrische Eigenschaften aufweisen, wobei hauptsächlich der reversible, d.h. in erster Näherung lineare Anteil von Interesse ist.

Tab. 3.1: Geometriedaten piezoelektrischer Körper

	Feldkopplung nach [58]		
piezoel. Koeff.	d_{33}	d_{31}	d_{15}
A_{mech}	$l_1 \cdot l_2$	$l_2 \cdot l_3$	$l_1 \cdot l_2$
A_{el}	$l_1 \cdot l_2$	$l_1 \cdot l_2$	$l_1 \cdot l_2$
l_{mech}	l_3	l_1	l_3
l_{el}	l_3	l_3	l_3
Polungsrichung	-3	-3	1

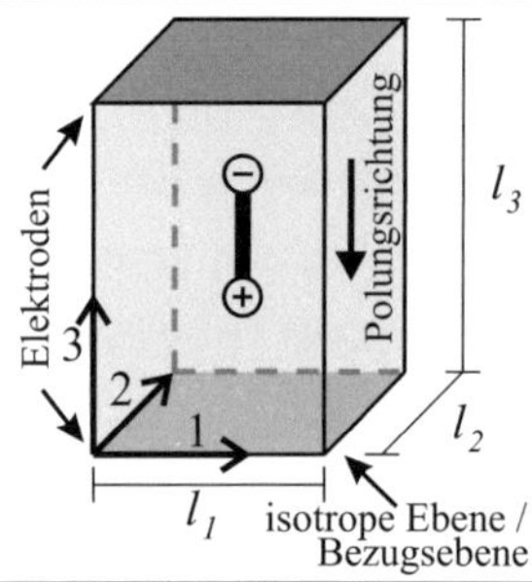

3.1.2 Koppelfaktor

Der elektromechanische Koppelfaktor ist eine Werkstoffkenngröße, für die es verschiedene Definitionen gibt [93]. Das Quadrat des Koppelfaktors beschreibt das Verhältnis der Anteile an gespeicherter mechanischer und elektrischer Energie in Abhängigkeit vom Energieeintrag. Für die energie- bzw. leistungsbasierte Beschreibung piezoelektrischer Generatoren ist die folgende Definition sinnvoll [19]:

$$k^2 = \frac{E_{el,gespei.}}{E_{mech}}, \tag{3.1}$$

wobei E_{mech} die gesamte, eingespeiste mechanische Energie und $E_{el,gespei.}$ die umgewandelte, im piezoelektrischen Element gespeicherte elektrische Energie des Systems sind.
Die Gleichung (3.1) lässt sich auch mit den Werkstoffkenngrößen Nachgiebigkeit s^E, Permittivität ϵ^T und piezoelektrischer Ladungskonstante d darstellen [93]:

$$k^2 = \frac{d^2}{\epsilon^T \cdot s^E}. \tag{3.2}$$

3.1.3 Wirkungsgrad

Der Wirkungsgrad eines piezoelektrischen Generators ist wie folgt definiert:

$$\eta = \frac{E_{el,abgeg.}}{E_{mech}}, \tag{3.3}$$

wobei E_{mech} die gesamte eingespeiste mechanische Energie und $E_{el,abgeg.}$ die abgegebene elektrische Energie des piezoelektrischen Generators sind.

3.2 Werkstoffverhalten

3.2.1 Piezoelektrisches Verhalten in einer Elementarzelle

Abbildung 3.1a zeigt eine tetragonale Elementarzelle einer typischen piezoelektrischen ABO_3-Keramik. Der Sauerstoffoktaeder (O^{2-}-Ionen) ist relativ zum Quader, bestehend aus A^{2+}-Ionen, in Richtung 3 verschoben. Das Zentralion (B^{4+}) nimmt

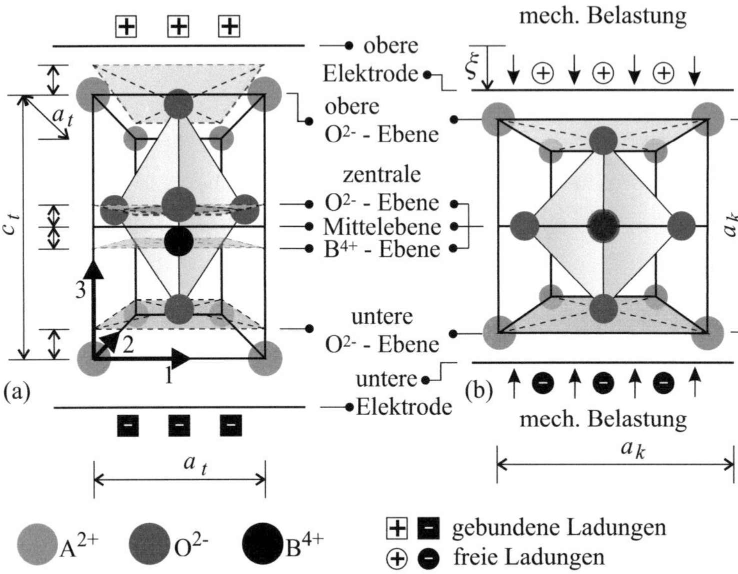

Abb. 3.1: Tetragonale (a) und kubische Elementarzelle (b) eines piezoelektrischen Kristalls des Typs ABO_3. Die Abstände und die Größen der Ionen sind nicht maßstabsgerecht. Die eingezeichneten grauen Ebenen sollen die Positionen der Ionen verdeutlichen.

eine nicht zentrosymmetrische Position im Sauerstoffoktaeder ein. Die Kantenlängen a_t und c_t sind ungleich. Es gilt $c_t > a_t$. In dieser Anordnung der Ionen fallen Ladungsschwerpunkte nicht zusammen, so dass eine Orientierungspolarisation in Richtung -3 auftritt. Vergleichend wird in Abbildung 3.1b eine kubische Elementarzelle betrachtet, die durch die mechanische Druckbelastung der tetragonalen Elementarzelle entsteht. Die Anordnung der Ionen ist zentrosymmetrisch, d.h. es tritt keine Orientierungspolarisation auf. Die tetragonale Deformation der kubischen Elementarzelle ist vergleichsweise gering (ca. 1...3%) sowie werkstoff- und temperaturabhängig [76].

Die piezoelektrischen Eigenschaften ergeben sich aus der unsymmetrischen Anordnung der Ionen. Zur Abschätzung der Stärke des Effektes ist es sinnvoll, die wirkenden elektrischen Felder näher zu untersuchen. Diese berechnen sich analytisch für eine Elementarzelle gemäß [94]. Die Abbildung 3.2a zeigt das elektrische Feld $\vec{E}(x,y,z)$ und das dazugehörige Potenzial $\Phi(x,y,z)$ für eine tetragonale Elementarzelle. Diese Darstellung ist auch repräsentativ für eine kubische Ele-

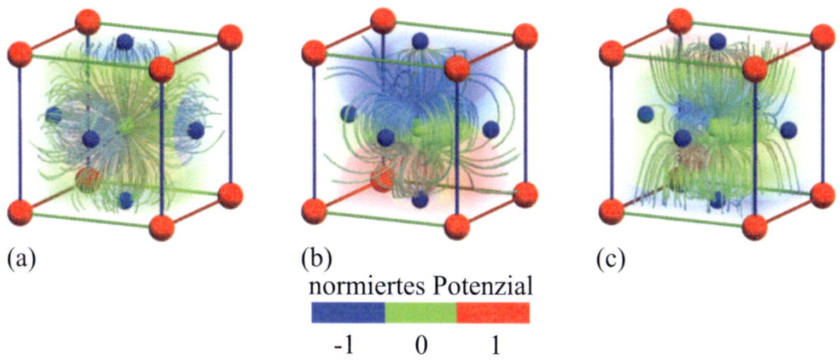

Abb. 3.2: Darstellung der elektrischen Felder mit dazugehörigem Potenzial für (a) tetragonale Elementarzelle, (b) Differenz aus kubischer und tetragonaler Elementarzelle (Dipol) und (c) gemäß Abbildung (b) mit überlagertem homogenem elektrischen Feld. Für die Berechnung wurden die Gitterparameter für Bariumtitanat aus [76] verwendet. Die Normierung erfolgt auf das jeweilige Maximum.

mentarzelle, da die Ionenpositionen nur geringfügig abweichen. Das Potenzial ist in erster Näherung Null.

Die Abbildung 3.2b zeigt ein Dipolfeld $\overrightarrow{E_D}(x,y,z)$. Dieses ergibt sich aus der Differenz der elektrischen Felder einer kubischen und einer tetragonalen Elementarzelle $\overrightarrow{E_D}(x,y,z) = \overrightarrow{E_k}(x,y,z) - \overrightarrow{E_t}(x,y,z)$. Erwartungsgemäß ist eine Potenzialdifferenz zwischen unterer und oberer Hälfte der Elementarzelle erkennbar.

Die Potenzialdifferenz bewirkt ein Anlagern von Ladungsträgern an den Elektroden (Abbildung 3.1). Diese erzeugen ein homogenes elektrisches Feld, das dem Dipolfeld entgegenwirkt (Abbildung 3.2c). Die angelagerten Ladungsträger sind gebunden (Abbildung 3.1a). Die Potenzialdifferenz zwischen unterer und oberer Hälfte der Elementarzelle beträgt in erster Näherung Null. Der Polarisation der Elementarzelle ist eine entsprechende Anzahl an Kompensationsladungen zugeordnet.

Für diese Betrachtung wurde vereinfachend angenommen, dass die Ionen als Punktladungen wirken und keine Wechselwirkungen mit benachbarten Elementarzellen auftreten. Für die Berechnung wurden die Werkstoffdaten von Bariumtitanat aus [76] verwendet.

Die mechanische Belastung in Richtung 3 auf die Elementarzelle (Abbildung 3.1b) erzwingt eine Verschiebung des Sauerstoffoktaeders (O^{2-}-Ionen) und des

Zentralions (B^{4+}) relativ zum Quader, bestehend aus A^{2+}-Ionen, in Richtung 3. Dabei können näherungsweise folgende Annahmen getroffen werden:

1. Die mechanische Belastung und die Verschiebung der Ionen zueinander verhalten sich entsprechend dem Hooke'schen Gesetz linear.
2. Das Zentralion erfährt ausschließlich Verschiebungen in Richtung 3, d.h. es treten keine Ausweichbewegung in der 1-2-Ebene auf.
3. Die tetragonale Elementarzelle nimmt bei ausreichend hoher Druckbelastung die kubische Form an.

Die Abmessungen c und a der Elementarzelle für beliebige Verschiebungen ξ in Richtung 3 ergeben sich zu:

$$c(\xi) = c_t - \xi \tag{3.4}$$

$$a(\xi) = a_t + \mu_{13} \cdot \xi, \tag{3.5}$$

mit der richtungsabhängigen Poissonzahl μ_{13}. Dabei gilt, dass sowohl eine Druckbelastung als auch eine Stauchung eines Körpers positiv definiert sind. Des Weiteren existiert ein Deformationszustand, bei dem alle Abmessungen gleich sind ($c_k = a_k$), d.h. die tetragonale Elementarzelle in eine kubische übergeht. Die relative Gestaltänderung ist wie folgt definiert:

$$\Delta(\xi) = \frac{c-a}{c_t - a_t} = 1 - \frac{(1+\mu_{13}) \cdot \xi}{c_t - a_t}. \tag{3.6}$$

Die Polarisation $P(\xi)$ berechnet sich gemäß [49] aus der Gleichung:

$$P = \frac{|\vec{p}|}{V}, \tag{3.7}$$

mit dem Polarisationsvektor $\vec{p}$ und dem Volumen V. Unter Verwendung der Gleichungen (3.4) bis (3.7) lässt sich die Polarisation der Elementarzelle in Abhängigkeit vom Deformationzustand berechnen:

$$P(\xi) = \frac{\left| \sum_{i=1}^{n} q_i \cdot \vec{r_i} \right|}{(c_t - \xi) \cdot (a_t + \mu_{13} \cdot \xi)^2} \cdot \Delta(\xi). \tag{3.8}$$

Abbildung 3.3 (schwarze Linie) zeigt den Verlauf der inneren Polarisation P gemäß Gleichung (3.8) für eine Bariumtitanatelementarzelle, wobei die Materialdaten aus [76] entnommen wurden. Die Änderung der Polarisation bzw. der Ladungsträgerfreisetzung ist linear und wird als piezoelektrischer Effekt bezeichnet. Die remanente Polarisation beträgt 16,5 μC/cm^2 und verschwindet, wenn eine äußere Belastung eine Verschiebung von 3,034 pm erzwingt. Das entspricht einer Dehnung von 7,54 ‰. Die Elementarzelle nimmt dann die kubische Gestalt an. Diese Daten stimmen mit [76] überein. Die gebundenen Ladungen werden freigegeben, d.h. die Oberflächenladungsdichte σ (Abbildung 3.3, graue Linie) ändert sich. Der Anstieg $e_{33} = \sigma / S = 21{,}9$ C/cm^2 entspricht der piezoelektrischen Ladungsdichtekonstante. Der Wert ist um den Faktor vier größer als in [76] beschrieben. Diese Abweichung zeigt die Grenzen des verwendeten Modells, dass den Einfluss benachbarter Elementarzellen nicht berücksichtigt, auf.

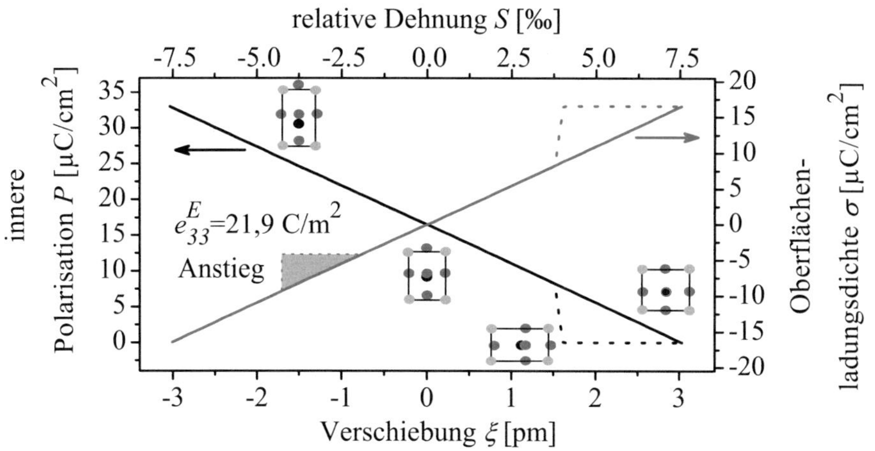

Abb. 3.3: Deformationsabhängigkeit der inneren Polarisation P und der Oberflächenladungsdichte σ (ungebundene Ladungen) einer Bariumtitanatelementarzelle. Die eingezeichneten Elementarzellen stellen schematisch den Deformationszustand dar.

Es ist erkennbar, dass die Stärke des piezoelektrischen Effektes von der Höhe der Änderung der Polarisation der Elementarzelle abhängt. Als ein Kriterium dient der homogene Dehnungsparameter [66]:

$$\delta = \frac{2}{3} \cdot \frac{(c/a - 1))}{\cos \alpha}. \tag{3.9}$$

Dieser beschreibt die spontane Deformation tetragonaler und rhomboedrischer Elementarzellen. Typische Werte sind $0.00\overline{6}$ für Bariumtitanat und $0{,}014\overline{6}$ für tetragonale Kompositionen auf Basis von PZT [95]. Durch Zusatzstoffe (Dotierung) kann der homogene Dehnungsparameter δ beeinflusst werden [66]. Eine Vergrößerung kann erreicht werden, wenn das Zentralion durch dreiwertige Ionen, wie Eisen Fe^{3+} und Nickel Ni^{3+}, oder die Eckionen durch einwertige Ionen, wie Kalium K^{+} und Silber Ag^{+}, ersetzt werden.

Lässt man eine Ausweichbewegung des Zentralions B^{4+} in der 1-2-Ebene zu, ändert sich die Polarisation in Richtung 3 dabei sprungartig auf Null (gestrichelte Linien in Abbildung 3.3). Alle gebundenen Ladungsträger werden freigesetzt. Die Elementarzelle weist nun eine Polarisation in der 1-2-Ebene auf. Bei Entlastung der Elementarzelle verbleibt das Zentralion in der neuen Position, wenn keine Kraft existiert, die ein Rückstellen ermöglicht. Dies wird als ferroelektrisches Verhalten [66] bezeichnet und hat eine Depolarisation zur Folge.

3.2.2 Ferroelastisches Verhalten von piezoelektrischen Körpern

Ein eindomäniger Einkristall entsteht durch regelmäßige räumliche Anordnung von Elementarzellen mit gleichem Polarisationsvektor (Abbildung 3.4a). Die Ladungsschwerpunkte sind wechselweise angeordnet. Die Wirkungen der Dipole untereinander kompensieren sich. Nur die äußeren Elementarzellen im Bereich der Elektroden leisten einen Beitrag zur Gesamtpolarisation des Einkristalls.

Ein mehrdomäniger Einkristall weist unterschiedlich polarisierte Teilbereiche (Domänen) auf (Abbildung 3.4b). Für tetragonale Einkristalle sind Polarisationen in den sechs Raumrichtungen möglich. Die Gesamtpolarisation ist Null, so dass auch keine Ladungsträger auf den Elektroden gebunden sind. Der Übergangsbereich zwischen Domänen wird als Domänenwand bezeichnet (graue Bereiche in

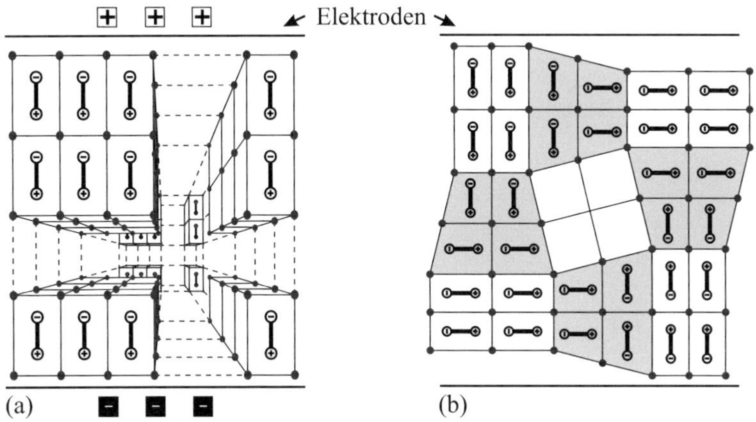

Abb. 3.4: Vereinfachte schematische Darstellung eines (a) eindomänigen und (b) mehrdomänigen ferroelektrischen Einkristalls (nicht maßstäblich).

Abbildung 3.4b). Die Elementarzellen in diesem Bereich sind stärker deformiert [96].

Ein quasiisotroper Vielkristall [97] entsteht durch regellose Anordnung vieler kleiner mehrdomäniger Einkristalle (Körner) [98] (Abbildung 3.5a). Bekannte Vertreter sind Piezokeramiken auf Basis von Bariumtitanat (BT) und Blei-Zirkonat-Titanat (PZT).

a) Polarisation von piezoelektrischen Domänen

Das einheitliche Ausrichten der individuellen Orientierungspolarisationen der Domänen erfolgt durch Anlegen einer hohen elektrischen Feldstärke (Polung der Keramik), wobei ein anisotroper Vielkristall (Textur) [97] entsteht. Eine vollständige Ausrichtung der Domänen zum wirkenden elektrischen Feld ist nicht möglich (Abbildung 3.5b) [66]. Die theoretische Grenze für den Grad der Ausrichtung liegt bei 83,1% für Keramiken mit tetragonalen Elementarzellen [99]. Typischerweise werden geringere Werte erzielt, z.B. 44% (49% bei angelegtem elektrischem Feld) für PZT-basierte tetragonale Keramiken und 12% (17% bei angelegtem elektrischem Feld) für BT-Keramiken [95]. Die Reorientierung der Domänen hängt vom Winkel zwischen individueller Polarisationsrichtung der Domänen und angelegtem elektrischen Feld ab.

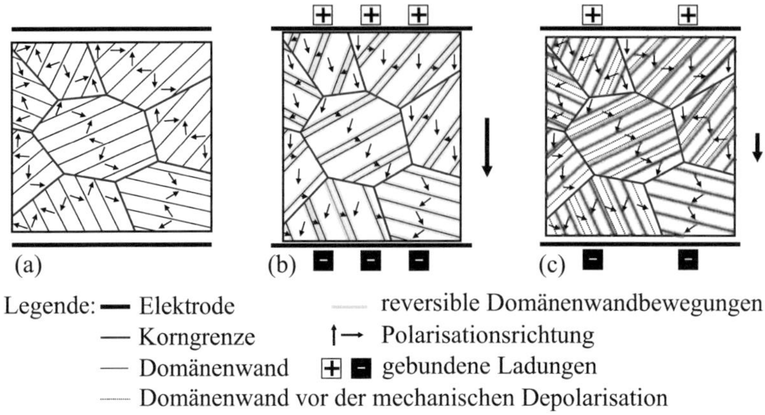

Abb. 3.5: Ausschnitte eines (a) ungepolten, (b) gepolten und (c) teilweise mechanisch depolarisierten Vielkristalls.

Es gilt:

- Eine vollständige Reorientierung der Domänen erfolgt für Winkel von mehr als $\pm 135°$. Dazu sind nur vergleichsweise geringe elektrische Feldstärken notwendig. Es treten keine mechanischen Spannungen auf, die zu Dehnungen im Werkstoff führen. Das wird als 180°-Reorientierung der Domänen bezeichnet [66].
- Domänen mit Winkeln von weniger als $\pm 45°$ wachsen auf Kosten von Domänen mit Winkeln von mehr als $\pm 45°$. Das wird als 90°-Reorientierung von Domänen bezeichnet. Dazu sind höhere elektrische Feldstärken erforderlich. Es treten mechanische Spannungen und Dehnungen im Kristall auf [95].

b) Bewegung von Domänenwänden unter mechanischer Belastung

Eine vergleichsweise geringe mechanische Druckbelastung (Kleinsignal) von weniger als 1 MPa parallel zur Polarisationsrichtung führt zur Deformation der Elementarzellen gemäß Abbildung 3.1. Bewegungen von Domänenwänden treten dabei nur in begrenztem Maße auf (graue Bereiche in Abbildung 3.5b). Diese sind reversibel und abhängig von der Höhe und Änderungsgeschwindigkeit der Belastung [100]. Beide Effekte führen zur Freisetzung von Oberflächenladungen.

Das Verhältnis zwischen Belastung (mechanische Spannung) und Oberflächenladungsdichte im gewählten Arbeitspunkt (Amplitude und Frequenz) ist in erster Näherung linear. Die Nutzung der Kleinsignalkennwerte der Werkstoffe aus den Datenblättern der Hersteller erweist sich als sinnvoll [95].

Hohe mechanische Druckbelastungen (Großsignal) von mehr als 10 MPa parallel zur Polarisationsrichtung führen zu irreversibelen Bewegungen der Domänenwände (Abbildung 3.5c). Im Gegensatz zur Polarisation der Keramik wachsen nun Domänen mit Winkeln von mehr als $\pm 45^\circ$ auf Kosten von Domänen mit Winkeln von weniger als $\pm 45^\circ$. Die Gesamtpolarisation nimmt ab. Dieser Prozess wird als Depolarisation bezeichnet. Im Kristall treten mechanische Spannungen und Dehnungen auf. Die vergleichsweise große Zahl an freigegebenen Ladungen kann nach mechanischer Entlastung nicht wieder vollständig gebunden werden (durchgezogene Linie in Abbildung 3.6). Es verbleibt eine Anzahl an Ladungsträgern auf den Elektroden zurück. Eine vollständige mechanische Depolarisation ist nicht möglich, da keine 180°-Reorientierungen der Domänen stattfindet [95]. Die Ausführungen gelten auch für weitere piezoelektrische/ferroelektrische Elementarzellen, z.B. rhomboedrische oder orthorhombische.

Die Beweglichkeit der Domänenwände lässt sich durch Dotierungen der Werkstoffe gezielt einstellen. Aus [66] ist bekannt, dass eine Reduktion der Gitterverzerrung durch das Ersetzen des Zentralions (B-Ion) mit fünfwertigen Ionen, wie Niob (Nb^{5+}) und Wolfram (W^{5+}), oder durch das Ersetzen der Eckionen (A-Ionen) mit dreiwertigen Ionen, wie Lanthan (La^{3+}) und Neodym (Nd^{3+}), erreicht werden kann. Der homogene Dehnungsparameter δ (Gleichung (3.9)) sinkt dabei ab und die Beweglichkeit der Domänenwände steigt an. Es entsteht ein ferroelektrisch weicher Werkstoff. Im Gegensatz dazu erhält man durch Vergrößerung der Gitterverzerrung (siehe Abschnitt 3.2.1), wenn die Beweglichkeit der Domänenwände stark eingeschränkt wird, einen ferroelektrisch harten Werkstoff.

Im Koexistenzbereich verschiedener Phasen ist die Beweglichkeit der Domänenwände besonders hoch. In Kompositionen aus Blei-Zirkonat-Titanat stellen sich bei Raumtemperatur und einem Anteil von 54 mol% Bleizirkonat sowohl tetragonale als auch rhomboedrische Phasen ein [66]. Die Polarisationsvektoren im Einkristall (Korn) können nun neben 0°, 90° und 180° (tetragonal) auch die Winkel 71° und 109° (rhomboedrisch) annehmen. Der Grad der Ausrichtung während der Polung (erkennbar durch eine höhere remanente Polarisation P_r) steigt. Die Stabilität der Domänenausrichtung (erkennbar durch die Koerzitivfeldstärke E_c) sinkt deutlich ab [66].

Abbildung 3.6 zeigt das Verhalten verschiedener Werkstoffe bei mechanischer Druckbelastung. Der Einfluss der Domänenwandbewegung auf die Oberflächenladung ist gut erkennbar. Ferroelektrisch weiche Werkstoffe neigen bereits bei geringer mechanischer Belastung zur Depolarisation. Die freigesetzten Ladungsträger können nicht wieder gebunden werden. Ferroelektrisch harte Werkstoffe weisen fast ausschließlich reversible Domänenwandbewegungen auf. In Abbildung 3.6 ist das Verhalten ferroelektrisch harter und weicher Werkstoffe dem linearen Verhalten piezoelektrischer Werkstoffe und dem theoretischen Verhalten eindomäniger Einkristalle gegenübergestellt.

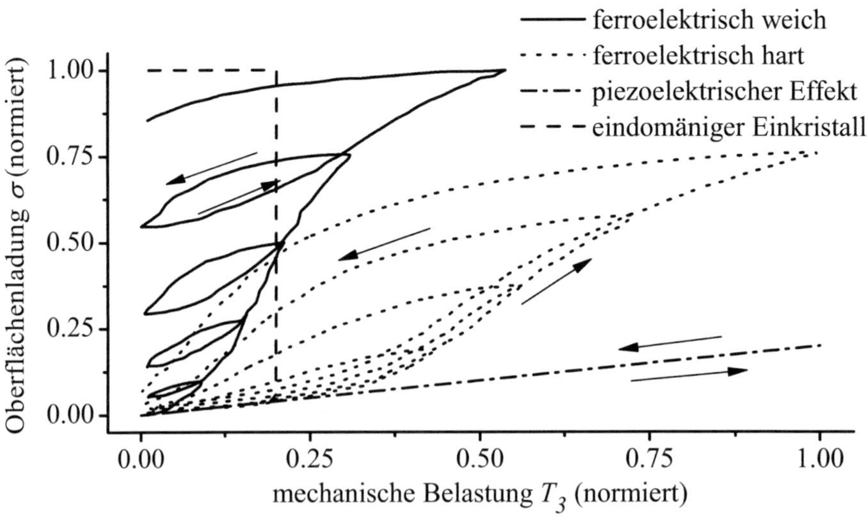

Abb. 3.6: Abhängigkeit der freien Oberflächenladung σ von der mechanischen Belastung in ferroelektrischen Werkstoffen. Die Daten für ferroelektrisch harte und weiche Werkstoffe sind aus [85] entnommen. Der Verlauf für eindomänige Einkristalle basiert auf theoretischen Überlegungen gemäß [59].

3.3 Mathematische Beschreibung des Verhaltens piezoelektrischer Körper

3.3.1 Zweitordarstellung linearer piezoelektrischer Gleichungen

In piezoelektrischen Werkstoffen im Generatorbetrieb findet eine Verkopplung mechanischer und elektrischer Größenpaare statt, so dass diese als Zweitore aufgefasst werden können (Abbildung 3.7) [101]. Dabei kann die Verkopplung durch Wahl von jeweils unterschiedlichen Größenpaaren dargestellt werden [58].

a) Hybriddarstellung

Die Hybriddarstellung eignet sich insbesondere wenn Kräfte (mechanische Spannungen T) und elektrische Spannungen (elektrische Feldstärken E) aufgeprägt werden:

$$\begin{bmatrix} \mathbf{S} \\ \mathbf{D} \end{bmatrix} = \begin{bmatrix} \mathbf{s}^E & -\mathbf{d} \\ \mathbf{d} & -\varepsilon^T \end{bmatrix} \cdot \begin{bmatrix} \mathbf{T} \\ \mathbf{E} \end{bmatrix} . \tag{3.10}$$

Dabei gilt, dass sowohl eine Druckbelastung als auch eine Stauchung eines Körpers positiv definiert sind. Die Vorzeichen ergeben sich gemäß dem Bezugspfeilsystem aus Abbildung 3.7 und weichen von [58] ab. Die vorgenommenen Linearisierungen sind zulässig, da für piezoelektrische Generatoren meist nur der

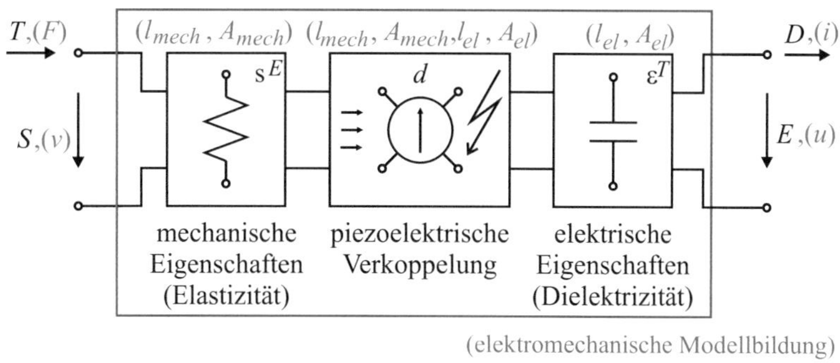

Abb. 3.7: Kettendarstellung eines piezoelektrischen Zweitores; schwarz: Feldgrößen, grau: integrale Größen.

piezoelektrische Effekt und reversible Domänenwandbewegungen von Interesse sind. Allerdings ist zu beachten, dass die Werkstoffkonstanten im Allgemeinen frequenz- und belastungsabhängig sind [100].
Vorteilhaft an der Hybriddarstellung von Gleichung (3.10) ist der unmittelbare Zugang zu den drei charakteristischen Werkstoffkenngrößen, die folgenden Phänomenen zugeordnet sind:

1. Das Hooke'schen Gesetz beschreibt die lineare Dehnung **S** eines Körper infolge mechanischer Spannungen **T** ($\mathbf{S} = \mathbf{s}^E \cdot \mathbf{T}$). Dies ist in Abbildung 3.7 als Feder dargestellt. Die charakteristische Werkstoffkenngröße ist der Nachgiebigkeitstensor $\mathbf{s}^E$, wobei der Index E anzeigt, dass $\mathbf{s}^E$ für konstantes elektrisches Feld, z.B. $\mathbf{E} = 0$, direkt aus **S** und **T** bestimmt werden kann.
2. Die elektrischen Eigenschaften werden durch $\mathbf{D} = -\varepsilon^T \cdot \mathbf{E}$ beschrieben. Das entspricht dem Verhalten eines Kondensators (Abbildung 3.7) mit dem Permittivitätstensor ε^T. Der Index T drückt aus, dass die Permittivität ε^T bei konstanter mechanischer Spannung, z.B. $T = 0$, bestimmt wird.
3. Die piezoelektrische Kopplung $\mathbf{D} = f(\mathbf{T})$ bzw. $\mathbf{S} = f(\mathbf{E})$ wird durch den Tensor der piezoelektrischen Ladungskonstante **d** beschrieben.

b) Inverse Kettenform

Die inverse Kettenform beschreibt die Abhängigkeit der elektrischen von den mechanischen Größen:

$$\begin{bmatrix} \mathbf{E} \\ \mathbf{D} \end{bmatrix} = \begin{bmatrix} -1/\mathbf{d} & \mathbf{s}^E/\mathbf{d} \\ \varepsilon^T/\mathbf{d} & -\left(\mathbf{s}^E \cdot \varepsilon^T - \mathbf{d}^2\right)/\mathbf{d} \end{bmatrix} \cdot \begin{bmatrix} \mathbf{S} \\ \mathbf{T} \end{bmatrix} = \begin{bmatrix} -1/\mathbf{d} & 1/\mathbf{e}^E \\ 1/\mathbf{g}^T & -\varepsilon^S/\mathbf{e}^E \end{bmatrix} \cdot \begin{bmatrix} \mathbf{S} \\ \mathbf{T} \end{bmatrix}. \tag{3.11}$$

Für eine vergleichende Bewertung piezoelektrischer Generatorwerkstoffe sind zwei Werkstoffkenngrößen denkbar. Eine Möglichkeit stellt die Angabe des piezoelektrischen Koppelfaktors k bzw. des Wirkungsgrades η dar (Abschnitt 3.1.2). Eine zweite ist die Angabe der piezoelektrischen Energiedichte. Nach [20] gelten für die Erregung piezoelektrischer Generatoren mit einer aufgeprägten mechanischen Spannung T:

$$\frac{1}{\mathbf{w}_{el}^T} = \frac{\mathbf{d}^2}{\epsilon^T} \tag{3.12}$$

und mit einer aufgeprägten mechanischen Dehnung S:

$$\mathbf{w}_{el}^{S} = \frac{\mathbf{d}^2}{\epsilon^T \mathbf{s}^E \mathbf{s}^D}. \tag{3.13}$$

c) Admittanzdarstellung

Die Admittanzdarstellung eignet sich als Ausgangspunkt für die elektromechanische Modellbildung [19], wie sie später in Abschnitt 3.3.2 verwendet wird:

$$\begin{bmatrix} \mathbf{T} \\ \mathbf{D} \end{bmatrix} = \begin{bmatrix} 1/\mathbf{s}^E & \mathbf{d}/\mathbf{s}^E \\ \mathbf{d}/\mathbf{s}^E & -\left(\mathbf{s}^E \cdot \varepsilon^T - \mathbf{d}^2\right)/\mathbf{s}^E \end{bmatrix} \cdot \begin{bmatrix} \mathbf{S} \\ \mathbf{E} \end{bmatrix} = \begin{bmatrix} \mathbf{c}^E & \mathbf{e}^E \\ \mathbf{e}^E & -\varepsilon^S \end{bmatrix} \cdot \begin{bmatrix} \mathbf{S} \\ \mathbf{E} \end{bmatrix}. \tag{3.14}$$

Der Term $\left(\mathbf{D} = \mathbf{e}^E \cdot \mathbf{S}\right)$ beschreibt den deformationsabhängigen Anteil der dielektrischen Verschiebung bei konstantem elektrischen Feld $\mathbf{E} = 0$ und entspricht der Polarisation $\mathbf{P}$ in Gleichung (3.8). Es gilt zu beachten, dass die Änderung der inneren Polarisation $\mathbf{P}$ in Gleichung (3.8) und die elektrische Flussdichte $\mathbf{D}$, hervorgerufen durch freigesetzte Kompensationsladungen in Gleichung (3.14), betragsmäßig gleich sind [102].

3.3.2 Elektromechanische Modellbildung piezoelektrischer Körper

Bisher wurden in Abschnitt 3.3.1 die physikalischen Feldgrößen Dehnung $\mathbf{S}$ und mechanische Spannung $\mathbf{T}$ sowie elektrische Feldstärke $\mathbf{E}$ und dielektrische Verschiebung $\mathbf{D}$ verwendet. Für praktische Anwendungen ist es günstiger mit integralen Größen, d.h. der Auslenkung ξ bzw. der Geschwindigkeit v und der Kraft F und den elektrischen Größen Strom I bzw. Ladung Q und Spannung U zu arbeiten.

Als Ausgangspunkt der Betrachtungen dient ein piezoelektrischer Körper (Tabelle 3.1). Bekannt seien die elastischen, piezoelektrischen und dielektrischen Werkstoffeigenschaften, die Geometriekennwerte Krafteinleitungsfläche A_{mech}, mechanische Länge l_{mech}, elektrische Fläche A_{el} und elektrische Länge l_{el}, die eingeprägte Polungsrichtung sowie die mechanische Belastung (Tabelle 3.1). Prinzipiell ergeben sich - außer den geänderten Größen - keine Änderungen für die Struktur des elektromechanischen Netzwerks von Abbildung 3.7. Unter Berücksichtigung

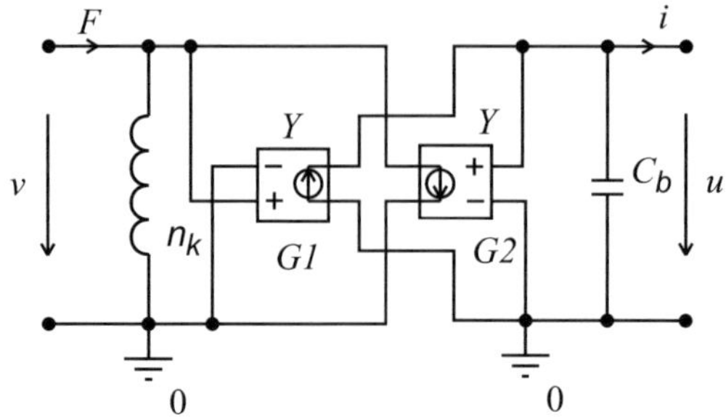

Abb. 3.8: Piezoelektrischer Körper als elektromechanisches Netzwerk

sinusförmiger Vorgänge ergibt sich aus der elektromechanischen Schaltung von Abbildung 3.8 bzw. den Vierpolgleichungen (3.14) folgende Vierpolgleichung:

$$\begin{bmatrix} \underline{F} \\ \underline{i} \end{bmatrix} = \begin{bmatrix} \frac{1}{j\omega} \cdot \frac{A_{mech}}{s^E \cdot l_{mech}} & \frac{d \cdot A_{el}}{s^E \cdot l_{mech}} \\ \frac{d \cdot A_{el}}{s^E \cdot l_{mech}} & -j\omega \cdot \frac{\epsilon^S \cdot A_{el}}{lel} \end{bmatrix} \cdot \begin{bmatrix} \underline{v} \\ \underline{u} \end{bmatrix}$$
$$= \begin{bmatrix} 1/j\omega n_k & 1/Y \\ 1/Y & -j\omega C_b \end{bmatrix} \cdot \begin{bmatrix} \underline{v} \\ \underline{u} \end{bmatrix}, \qquad (3.15)$$

wobei gilt:

- Die Spule n_k repräsentiert die mechanoelastischen Eigenschaften des piezoelektrischen Körpers bei elektrischem Kurzschluss ($u = 0$).
- Die spannungsgesteuerten Stromquellen $G1$ und $G2$ mit der Verstärkung Y bilden die piezoelektrischen Eigenschaften ab.
- Die Kapazität C_b repräsentiert die dielektrischen Eigenschaften des piezoelektrischen Körpers im mechanisch festgebremsten Zustand ($v = 0$).

Bei der Angabe der Geometrie- und Werkstoffkennwerte sind die Polungs-und Wirkrichtung zu berücksichtigen (Tabelle 3.1) [19].

Wegen ihres zu elektrischen Bauelementen analogen Verhaltens lassen sich nicht-elektrische Komponenten des Systems wie rein elektrische Netzwerke behandeln (siehe z.B. [103, 19, 104]):

Für die messtechnische Bestimmung der generatorischen Eigenschaften piezoelektrischer Werkstoffe (Abschnitt 4.3.3) ergeben sich aus den Vierpolgleichungen

(3.15) eine Gleichung für die piezoelektrische Ladungskonstante d^G bei elektrischen Kurzschluss ($\underline{u} = 0$):

$$d^G = \frac{\underline{i}}{j\omega \underline{F}} \cdot \frac{A_{mech}}{A_{el}} = \frac{\underline{Q}}{\underline{F}} \cdot \frac{A_{mech}}{A_{el}} \tag{3.16}$$

und eine Gleichung für die piezoelektrische Spannungskonstante $g^{T,G}$ bei elektrischem Leerlauf ($\underline{i} = 0$):

$$g^{T,G} = \frac{d^G}{\epsilon^T} = \frac{\underline{u}}{\underline{F}} \cdot \frac{A_{mech}}{l_{el}}. \tag{3.17}$$

Aus den Gleichungen (3.16) und (3.17) wird die Permittivität $\epsilon^{T,G}$ berechnet:

$$\epsilon^{T,G} = \frac{d^G}{g^{T,G}}. \tag{3.18}$$

Das elektrische Ersatznetzwerk für piezoelektrische Generatoren kann mit komplexen elektrischen Schaltungen verknüpft und gemeinsam simuliert werden. Ein Beispiel ist das Laden eines Speicherkondensators (Abbildung 3.9), wie es im Abschnitt 4.3.3 untersucht wird.

Zur Berechnung elektromechanischer Systeme können die Methoden der Analyse elektrischer Netzwerke genutzt werden. In dieser Arbeit wurden dazu zwei verschiedene Computerprogramme eingesetzt:

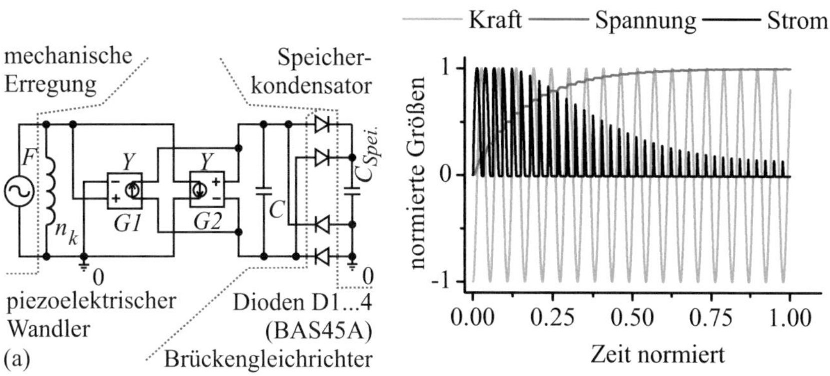

Abb. 3.9: Piezoelektrischer Generator mit mechanischer Erregung, Brückengleichrichter und Speicherkondensator: (a) elektromechanisches Netzwerk, (b) Simulationsergebnisse

1. WinSpice [105] in Kombination mit dem Texteditor PSPad [106]: Die textorientierten Netzwerkmodelle können für beliebige Parametervariationen unter Verwendung der Software SpiceAPL [107] genutzt werden.
2. OrCAD [108] für die Simulation piezoelektrischer Körper in Kombination mit komplexen elektronischen Schaltungen.

3.3.3 Finite-Elemente-Methode

Piezoelektrisch gekoppelte Strukturen lassen sich auch mit Hilfe der Methode der Finiten Elemente (FEM) simulieren. Die Stärken liegen in der Berechnung des mechanischen Verhaltens komplizierter technischer Gebilde, bestehend aus piezoelektrischem Körper und mechanischer Struktur, die oftmals mit einfachen Elementen (Abbildung 3.8) nicht mehr mit ausreichender Genauigkeit modelliert werden können. Die piezoelektrische Kopplung und das elektrische Verhalten lassen sich dabei einbeziehen, die elektronischen Bauelemente dagegen nicht. In dieser Arbeit wurde das Computerprogramm GID [109] für die Modellerstellung und Auswertung (engl. Pre- und Postprozessor) sowie ATILA [110] als Finite-Elemente-Gleichungslöser verwendet. Die Verknüpfung beider Computerprogramme erfolgte über ein spezielles Modul [111] . Die automatisierte Variation von Geometrieparametern bei den FE-Modellen wurden mit dem Computerprogramm AtilaAPL [112] durchgeführt.

3.4 Kennwerte piezoelektrischer Werkstoffe

In dieser Arbeit wurden kommerziell erhältliche piezoelektrische Werkstoffe hinsichtlich ihrer Eignung für piezoelektrische Generatoren untersucht. Dazu wurden die Kenndaten aus Datenblättern (Tabelle 3.2) von 16 Herstellern mit insgesamt 220 Werkstoffen recherchiert.
Die Klassifizierung erfolgte auf Basis von:

- DIN [113]
- MIL-Standard [114]
- Standardwerkstoffe nach Berlincourt [89]

Tab. 3.2: Hersteller piezokeramischer Werkstoffe

Hersteller	Kürzel	Quelle
Ferroperm Piezoceramics A/S	FP	[81]
PI Ceramic GmbH	PIC	[64]
SUMIDA Components GmbH (ehem. Stelco GmbH)	SC	[115]
Sensor Technology LTD	ST	[65]
CeramTec GmbH	CT	[84]
American Piezo Company International Ltd	APC	[87]
marco Systemanalyse und Entwicklung GmbH	M	[116]
TRS Technologies, Inc	TRS	[117]
The Morgan Crucible Company plc.	MM	[118]
Fuji & Co	Fuji	[119]
Johnson Matthey plc (ehem. Argillon GmbH)	JMC	[120]
Noliac A/S	N	[121]
Piezo Technologies (ehem. Keramos)	K	[122]
Channel Industries, Inc	CI	[123]
CTS Corporation	CTS	[124]
iBule Photonics	ibule	[125]

in neun Gruppen (Tabelle 3.3). Dafür wurden die Angaben der Hersteller verwendet. Die Gruppe IX umfasst die Werkstoffe, die nicht einer der Gruppen I...VIII zugeordnet werden konnten. Hier sind zum Beispiel bleifreie Werkstoffe und ferroelektrische Einkristalle zu finden.

Für die messtechnischen Untersuchungen (Kapitel 4) wurden 47 verschiedene Werkstoffe beschafft. Die Auswahl erfolgte mit dem Ziel, mindestens einen typischen Vertreter aus jeder Gruppe charakterisieren zu können.

Sonderwerkstoffe aus Forschung und Entwicklung wurden nicht untersucht, da sie nur eingeschränkt für Anwendungen verfügbar sind.

Tab. 3.3: Klassifizierung piezokeramischer Werkstoffe

	Klassifikation			Ferro.
Gruppe	DIN [113]	MIL-STD [114]	Berlincourt [89]	Eigenschaft
I	Typ 100	Type I	PZT 4	hart
II	Typ 200	Type II	PZT 5A	weich
III	Typ 300	Type III	PZT 8	sehr hart
IV	Typ 400	Type IV	Ceramic B	k.A.
V	Typ 500	Type V	k.A.	weich
VI	Typ 600	Type VI	PZT 5H	sehr weich
VII	Typ 700	k.A.	k.A.	hart
VIII	Typ 800	k.A.	k.A.	hart
IX	k.A.	k.A.	k.A.	k.A.

Kapitel 4

Messtechnische Untersuchungen

Für die messtechnischen Untersuchungen wurde eine Vielzahl kommerziell verfügbarer Werkstoffe verwendet, wobei die Messungen an Kreisscheiben erfolgten. Die frequenzabhängige elektrische Impedanz der Messkörper wurde gemäß DIN-Norm 50324-2 [126] vor und nach der mechanischen Belastung gemessen. Daraus können die relevanten Werkstoffkennwerte und deren Änderung unter hoher mechanischer Last berechnet werden. Ebenso eignet sich das Verfahren zur Bewertung der Messkörper hinsichtlich möglicher struktureller Schädigungen, z.B. Risse. Ein spezieller Messplatz dient der Erfassung der generatorischen Eigenschaften in Abhängigkeit von Frequenz und dynamisch-mechanischer Last. Die Messkörper werden dazu zwischen zwei Pressstempel eingespannt. Aus den drei Einzelmessungen unter Kurzschluss- bzw. Leerlaufbedingung sowie beim Aufladen eines Kondensators sind die generatorischen Werkstoffkennwerte und deren Änderungen bestimmbar. Abschließend wird beschrieben, wie sich aus den Messwerten quantitativ die charakteristischen Werkstoffkennwerte berechnen lassen.

4.1 Messkörper

Wie in Abschnitt 3.4 erwähnt, wurden aus den 220 kommerziell verfügbaren Werkstoffen 47 für die messtechnischen Untersuchungen ausgewählt und beschafft (Tabelle A.1). Ziel war es, das gesamte Eigenschaftsspektrum kommerziell verfügbarer piezoelektrischer Keramiken abzudecken. Als Messkörper wurden Kreisscheiben mit einem Durchmesser von 10 mm und einer Dicke von 1 mm gewählt, da sie einen guten Kompromiss hinsichtlich der widerstrebenden elektrischen und mechanischen Eigenschaften darstellen:

1. **Elektrisch:** Bei großen Elektrodenabständen (Dicke) und hohen mechanischen Lasten können piezoelektrische Werkstoffe hohe elektrische Spannungen generieren. Diese können zu ungewollten Luftüberschlägen führen. Kleine elektrisch aktive Flächen (Durchmesser) erzeugen nur wenige Ladungen. Damit steigen die Anforderungen an die Messtechnik bezüglich Amplituden- und Phasengenauigkeit. Bei der gewählten Probengeometrie sind moderate Spannungen und gut messbare Ladungsmengen zu erwarten.
2. **Mechanisch:** Ideal wären lange, schlanke Zylinder, da diese ein nahezu homogenes, mechanisches Spannungsfeld aufweisen. Der Einfluss der im Verhältnis zum Radius vergleichsweise kleinen Scheibendicke auf das Messergebnis muss mit Hilfe einer FE-Simulation bestimmt werden.

Die Abbildung 4.1a zeigt die inhomogene mechanische Spannungsverteilung in den verwendeten Messkörpern bei Druckbelastung mit dem Messplatz von Abschnitt 4.3.3. Das hat einen erheblichen Einfluss auf die piezoelektrische Aktivität im Werkstoff. Im Vergleich zu einer idealen uniaxialen Druckbelastung (scharze Linie in Abbildung 4.1b) ist das äußerlich messbare Potenzial zwischen den beiden Elektroden um bis zu 25% reduziert (Abbildung 4.1b). Gründe sind die unterschiedlichen Steifigkeiten und Querkontraktionen in Pressstempel (Stahl) und Messkörper (Keramik). Die Messergebnisse untereinander bleiben aber vergleichbar, da die mechanischen Eigenschaften der Werkstoffe sehr ähnliche Werte aufweisen. Vorteilhaft wären identische Durchmesser für Pressstempel und Messkörper (grüne Linie in Abbildung 4.1b), da dann die Abweichungen geringer ausfallen würden. Das ist allerdings praktisch nicht realisierbar, da die Durchmesser der Messproben stark streuen. Es bestünde die Gefahr, dass der Durchmesser des Messkörpers größer ausfiele als der Durchmesser des Pressstempels. In diesem Fall würden im Wirkbereich der Kante des Pressstempels Zugspannungen in der Keramik auftreten, die zum Bruch führen könnten.

Zur Erhöhung der Aussagekraft der Messergebnisse wurden üblicherweise jeweils vier, mindestens aber zwei Messkörper vermessen.

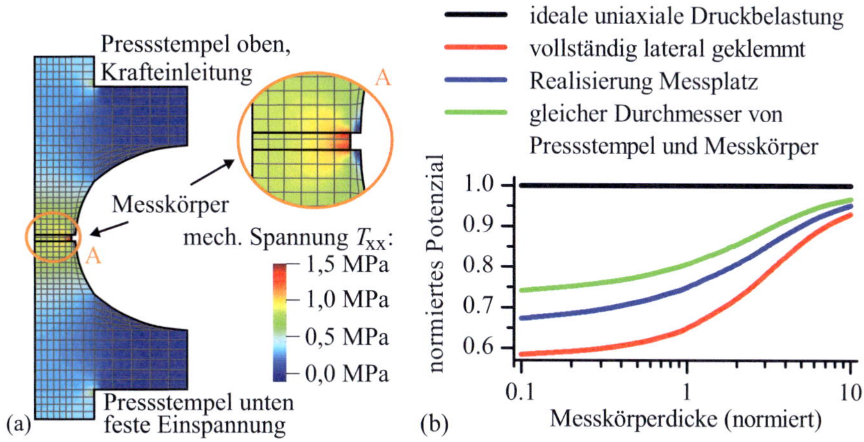

Abb. 4.1: (a) Achsensymmetrisches 2D-FE-Modell und (b) Simulationsergebnis des Messaufbaus aus Abbildung 4.6a. Die Normierungen sind bezogen auf eine Probendicke von 1 mm und das elektrische Potenzial bei idealer uniaxialer Druckbelastung.

4.2 Messablauf

Der Messablauf zur Bestimmung der generatorischen Eigenschaften piezoelektrischer Messkörper ist in [127] detailliert beschrieben und gliedert sich gemäß Abbildung 4.2 in vier Blöcke:

1. Messung der frequenzabhängigen elektrischen Impedanz der Messkörper gemäß Abschnitt 4.3.2 zu Beginn und am Ende der Messung der generatorischen Eigenschaften piezoelektrischer Messkörper.
2. Messvorbereitung, einschließlich Einlegen des Messkörpers in den Messaufbau (Abbildung 4.6). Hierbei ist besonders auf eine genaue und reproduzierbare Positionierung zu achten [127].
3. Messung der generatorischen Kleinsignalkennwerte bei einer statischen Belastung von 5 MPa, einer dynamischen Belastung von 1 MPa und einer Arbeitsfrequenz von 23 Hz. Nacheinander werden die Ladung, die Spannung und das Aufladen des externen Speicherkondensators gemessen.
4. Bei der Messung der generatorischen Großsignalkennwerte werden zwei ineinander verschachtelte Schleifen durchlaufen. Die Abbildung 4.3a be-

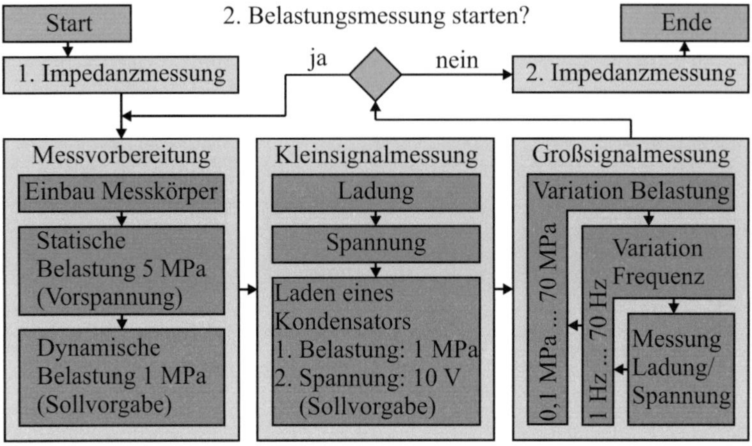

Abb. 4.2: Ablauf der Messung piezokeramischer Messkörper zur Untersuchung der generatorischen Eigenschaften

schreibt die schrittweise Steigerung der mechanischen Amplitude vom kleinsten zuverlässig einstellbaren Wert am Messplatz (0,06 MPa) auf die maximale Belastung (70 MPa) unter Beibehaltung der Vorspannung. Die Frequenz wird stufenförmig von 1 Hz bis 70 Hz erhöht und bleibt unter der ersten Eigenresonanz des Messaufbaus (Abbildung 4.3b). Die Datenerfassung erfolgt im eingeschwungenen Zustand. Ein Frequenzdurchlauf dauert ca. 15 Minuten. Da 15 verschiedene Belastungsstufen eingestellt werden, beträgt die Messzeit pro Messkörper ca. vier Stunden. Mindestens eine Wiederholung des Messablaufes ist erforderlich, um irreversible Veränderungen des Verhaltens der Messkörper zu erfassen.

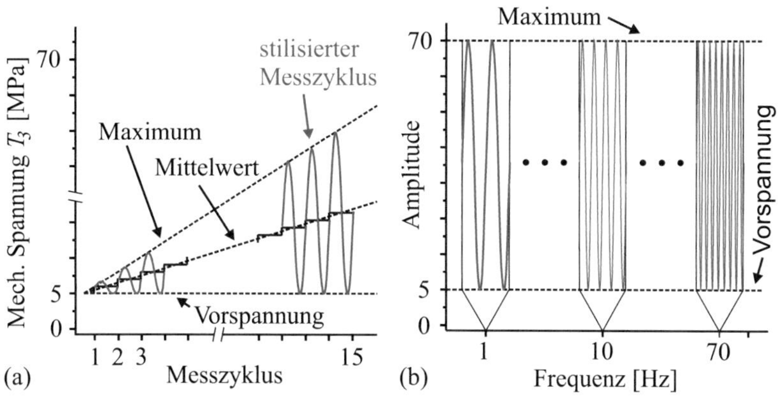

Abb. 4.3: Messablauf hinsichtlich der Variation (a) der mechanischen Spannung und (b) der Frequenz

4.3 Messverfahren

4.3.1 Geometriekennwerte der Messkörper

Die Dicke der Messkörper wurde mit einer digitalen Messuhr[1] mit kugelförmigen Tastspitzen gemessen. Die Auflösung beträgt 1 µm. Die Messunsicherheit über den gesamten Messbereich von 12,5 mm ist mit 5 µm angegeben.

Der Durchmesser der Messkörper wurde mit einer Bügelmessschraube[2] mit flächigen Tastspitzen gemessen. Die Auflösung ist mit 1 µm angegeben. Die Messunsicherheit, entnommen der DIN-Norm 863 [128], beträgt 4 µm.

Beide Messinstrumente bestimmen die absoluten Werte für Dicke bzw. Durchmesser ausreichend gut. Relative Änderungen der Geometriekennwerte der Messkörper im Bereich bis zu 1…3 ‰ infolge ferroelastischer Verformungen liegen innerhalb der Messunsicherheit und sind somit nachweisbar, aber nicht messbar.

[1] Millitast 1085, Fa. Mahr Göttingen

[2] Bügelmessschraube 1865-510, Fa. Helios Gammertingen

4.3.2 Bestimmung der frequenzabhängigen elektrischen Impedanz

Zum Messen der frequenzabhängigen elektrischen Impedanz wurde ein Impedanzanalysator[3] verwendet [126]. Das Messverfahren dient dem Vergleich der Eigenschaften vor und nach der mechanischen Belastung (Abschnitt 4.2).

a) Elektrische und piezoelektrische Kennwerte

In Abbildung 4.4 ist exemplarisch der frequenzabhängige Impedanzverlauf des Werkstoffes PIC255 [64] dargestellt. Beim Betrag $|\underline{Z}|$ zeigen sich Minima und Maxima, gleichbedeutend mit Resonanz- bzw. Antiresonanzfrequenzen. Die erste geometrisch bestimmte Resonanz liegt im Bereich um 200 kHz und entspricht der Radialschwingung. Diese wird gemäß DIN-Norm 50324-2 [126] ausgewertet.

[3]HP4194A, Fa. Hewlett Packard Palo Alto (USA), Auswerteprogramm EMC [129]

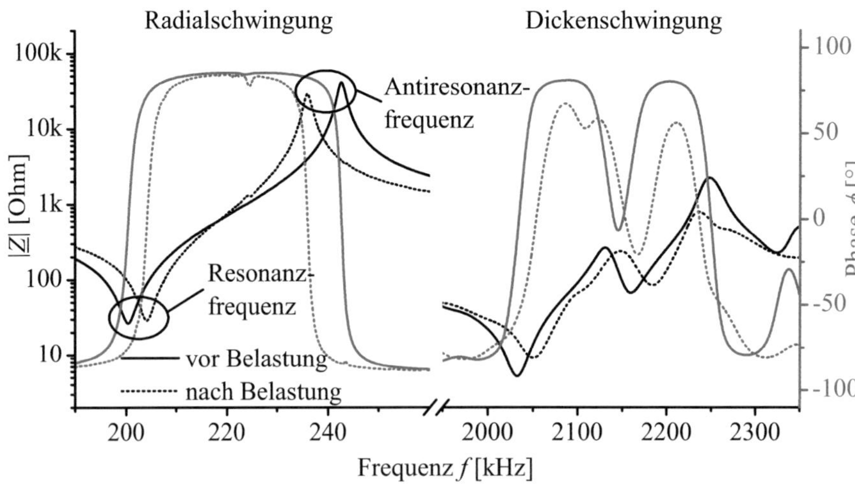

Abb. 4.4: Frequenzverlauf von Betrag und Phase der elektrischen Impedanz des Werkstoffes PIC255 [64] in den Bereichen um die Radial- und Dickenschwingung

Die Messung der Kapazität C erfolgt mit dem Impedanzanalysator bei 1 kHz. Die relative Permittivität $\epsilon_{33}^T/\epsilon_0$ ergibt sich aus der Dimensionierungsgleichung für einen Plattenkondensator [6]:

$$\epsilon_{33}^T/\epsilon_0 = C \cdot \frac{l_{el}}{A_{el}}. \tag{4.1}$$

Die elektrisch wirksame Länge l_{el} entspricht der Dicke des Messkörpers. Die elektrisch wirksame Fläche A_{el} bestimmt sich aus dem Durchmesser der Kreisscheibe. In erster Näherung [126] kann die Frequenz, bei der ein lokales Minimum der Impedanz auftritt, der Resonanzfrequenz f_r und die Frequenz, bei der ein lokales Maximum der Impedanz auftritt, der Antiresonanzfrequenz f_a zugeordnet werden. Das geschieht automatisiert in dem genutzten Computerprogramm. Die planaren Frequenzkonstanten $N_{p,r}$ und $N_{p,a}$ berechnen sich aus der Resonanz- bzw. Antiresonanzfrequenz f_r und f_a [126]:

$$N_{p,r} = f_r \cdot l_{mech}, \tag{4.2}$$

$$N_{p,a} = f_a \cdot l_{mech}. \tag{4.3}$$

Die mechanisch wirksame Länge l_{mech} entspricht in diesem Fall dem Durchmesser des Messkörpers. Die Angabe der planaren Frequenzkonstanten $N_{p,r}$ und $N_{p,a}$ anstelle der Resonanz- und Antiresonanzfrequenzen f_r und f_a ist für eine vergleichende Bewertung vorteilhaft, da der geometrieabhängige Einfluss (Größe und Toleranz des Durchmessers) entfällt.

Der planare Koppelfaktor k_p berechnet sich aus Resonanz- und Antiresonanzfrequenz f_r und f_a näherungsweise[4] nach [126]:

$$k_p \approx \sqrt{2{,}51 \cdot \frac{f_a - f_r}{f_a} - \left(\frac{f_a - f_r}{f_a}\right)^2}. \tag{4.4}$$

Für die geklemmte Dickenschwingung um 2 MHz in Abbildung 4.4 gelten ähnliche Rechenvorschriften [126]. Da sich in diesem Frequenzbereich mehrere Schwingungen infolge höherer Radialmoden überlagern, ist eine exakte Auswertung nicht möglich.

[4] Das Computerprogramm [129] nutzt eine aufwendigere, aber genauere Berechnung nach [126].

Hohe mechanische Belastungen führen zu einer Änderung der Werkstoffkennwerte [85] und somit des Impedanzverlaufes (gestrichelte Linie in Abbildung 4.4). Dieser Einfluss wird im Abschnitt 5.2 ausführlich diskutiert.

b) Nachweis von Schäden an den Messkörpern

Nach [130] liegt eine mechanisch ungeschädigte piezoelektrische Probe vor, wenn der Verlauf der frequenzabhängigen Impedanz hinreichend glatt ist. Unstetigkeiten und zusätzliche Resonanzen geben Hinweise auf Schädigungen.

Einige wenige Messkörper zeigten nach der mechanischen Belastung einen stark abweichenden Verlauf der elektrische Impedanz über der Frequenz (Abbildung 4.5b). Die charakteristischen Frequenzen der Radialschwingung können nach der mechanischen Belastung (gestrichelte Linie) nicht mehr bestimmt werden. Gemäß [130] ist dies auf strukturelle Änderungen, z.B. Risse, der Keramik zurückzuführen. Aus diesem Grund wird das Verfahren für eine Bewertung der Messkörper hinsichtlich Schädigungen genutzt, so dass die aufwendige und nur oberflächenbezogende Sichtprüfung entfallen konnte. In seltenen Fälle wurden zusätzlich deutlich sichtbare Schäden am Umfang der Messkörper festgestellt (Abbildung 4.5a), obwohl die maximale Druckbelastung von ca. 70 MPa deutlich unterhalb der maximal zulässigen Druckbelastung von 600 MPa von PZT-basierten Kerami-

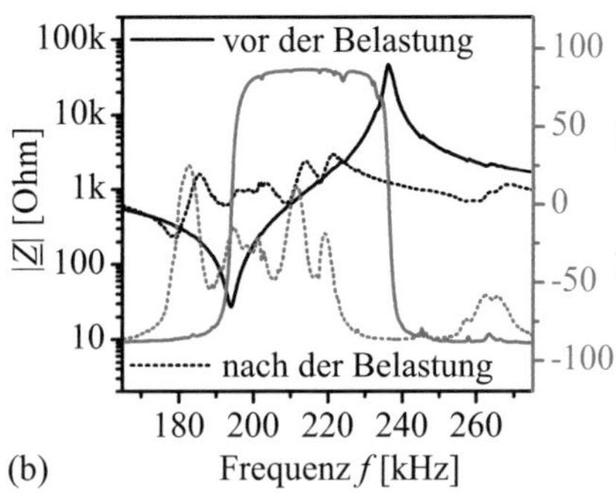

Abb. 4.5: Messkörper nach hoher mechanischer Belastung: (a) Fotografie und (b) Frequenzverlauf des Betrags und der Phase der elektrischen Impedanz $\underline{Z}$

ken [131] lag. FEM-Analysen ergaben, dass mechanische Spannungen im Bereich von 100 MPa am Probenrand zu keinen Schädigungen führen sollten.
Im Folgenden werden ausschließlich mechanisch ungeschädigte Messkörper betrachtet. Zeigte der frequenzaufgelöste Verlauf der Impedanz nach hoher mechanischer Belastung deutliche Abweichungen vom Auslieferungszustand, wurden die Messergebnisse verworfen und neue Messungen an ungeschädigten Proben durchgeführt.

4.3.3 Messsystem für die mechanische Stimulation piezoelektrischer Messkörper

In [126] wird ein quasistatisches Messverfahren zur Ermittlung der piezoelektrischen Ladungskonstante d vorgeschlagen. Die Stimulation soll mechanisch mit geringer Amplitude von weniger als 0,01 MPa und einer Frequenz weit unterhalb der Eigenresonanzen des Messkörpers erfolgen. Die piezoelektrische Ladungskonstante d_{33} bestimmt sich aus dem Verhältnis der gemessenen Ladungen und der wirkenden Kraft (Gleichung (3.16)) [126]. Dies deckt sich mit Abschnitt 3.3.2. Dieses Messverfahren wird entsprechend den Anforderungen für die Erfassung der generatorischen Eigenschaften piezokeramischer Werkstoffe angepasst und ist im Folgenden beschrieben.
Die Abbildung 4.6 zeigt den Messaufbau für die Charakterisierung des generatorischen Verhaltens piezoelektrischer Messkörper. Diese Anordnung erlaubt die mechanische Erregung und die Messung der relevanten elektrischen Größen.

a) Mechanische Stimulation

Der Messkörper wird mittig zwischen die Pressstempel eingelegt und mit Hilfe der Vorspannschraube konstant belastet (Abbildung 4.6a). Die Berührungsflächen sind planparallel geschliffen. Die dynamisch-mechanische Stimulation erfolgt über einen piezoelektrischen Aktor[5]. Dieser ist durch eine hohe dynamische Kraft mit einer Amplitude von bis zu 30 kN, bei einem geringen Arbeitsweg von maximal 60 µm, gekennzeichnet. Bedingt durch die endliche Steifigkeit des Lastrahmens

[5]Aktor P-235.40, Hochvoltverstärker E-481 PICA™ Piezo High-Power Amplifier, Fa. PI Ceramic Lederhose

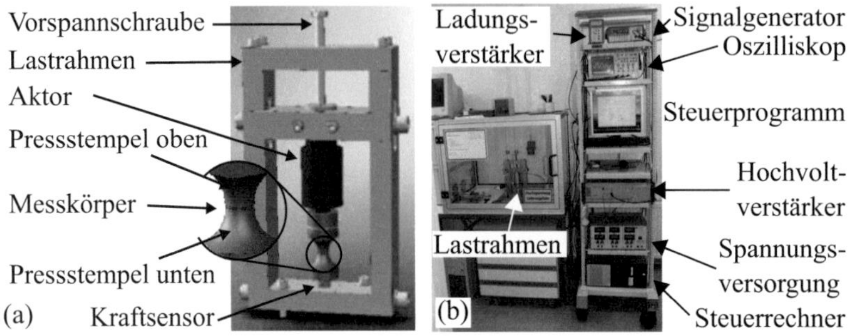

Abb. 4.6: Messaufbau zur Messung von generatorischen Eigenschaften piezoelektrischer Werkstoffe: (a) schematischer Aufbau der Messkörperaufnahme und (b) Fotografie des Messaufbaus

ließen sich nur dynamische Kräfte bis maximal 6 kN erreichen. Damit sind mechanische Spannungen von über 70 MPa im Messkörper realisierbar. Das erwies sich für die Untersuchungen als ausreichend.

b) Kraftmessung

Ein piezoelektrischer Kraftaufnehmer[6] misst die statische und die dynamische Kraft. Dieser weist eine hohe Steifigkeit, d.h. geringe Eigenverformung auf. Statische Messungen sind mit piezoelektrischen Kraftaufnehmern nur begrenzt möglich [51]. Die genutzte Gerätetechnik besitzt eine Zeitkonstante von $\tau = 10^6$ s. Bei einer maximalen Messdauer von 4 h können statische Kräfte mit einer ausreichenden Genauigkeit von kleiner als 15% ermittelt werden. Diese Daten decken sich mit [85]. Die Höhe der statischen Vorlast hat während der dynamischen Belastung nur eine geringe Bedeutung. Die Messunsicherheit bei der Messung dynamischer Kräfte ist vom Hersteller mit 0,3% angegeben.

c) Spannungsmessung

Wenn piezoelektrische Körper mit hohen mechanischen Lasten beaufschlagt werden, entstehen sehr hohe elektrische Spannungen von mehr als 1000 V. Für die genaue Messung ist ein hochohmiges Messgerät mit sehr geringer Eingangskapazität und hoher Spannungsfestigkeit erforderlich (Abbildung 4.7a). Die präzisen

[6]Kraftmessdose 9011A, Ladungsverstärker 5011, Fa. Kistler Winterthur (CH)

Messwiderstände des symmetrischen Spannungsteilers wurden hochohmig ausgewählt. Für Frequenzen von mehr als 1 Hz betragen die Messunsicherheiten für die Amplituden weniger als 1% und für die Phasen weniger als 2°. Der präzise Instrumentenverstärker[7] dient der Impedanzanpassung und der Signalverstärkung. Die ermittelten Kalibrierdaten der Messschaltung sind in der Auswertung hinterlegt. Es wurde eine Messunsicherheit von weniger als 1% ermittelt.

d) Ladungsmessung

Das Messen der Ladung an piezoelektrischen Proben wird durch Parallelschalten einer Kapazität zum Messkörper auf eine Spannungsmessung zurückgeführt (Abbildung 4.7a) [85]. Das Verhältnis der beiden Kapazitäten von Messkondensator (9,95 µF) und Messkörper (< 4,5 nF) beträgt mindestens 2000 : 1. Die gemessene Spannung am Messkondensator ist dann mindestens um den Faktor 1/2000 kleiner als die Leerlaufspannung des Messkörpers. Messtechnisch entspricht dies einem Kurzschluss. Die Messunsicherheit ist somit kleiner als die durch die Spannungsmessung verursachten Abweichungen von weniger als 1%.

e) Laden eines Kondensators

Um das Laden eines Speicherkondensators mit piezoelektrischen Generatoren

[7]INA 116, Fa. Texas Instruments Dallas (USA)

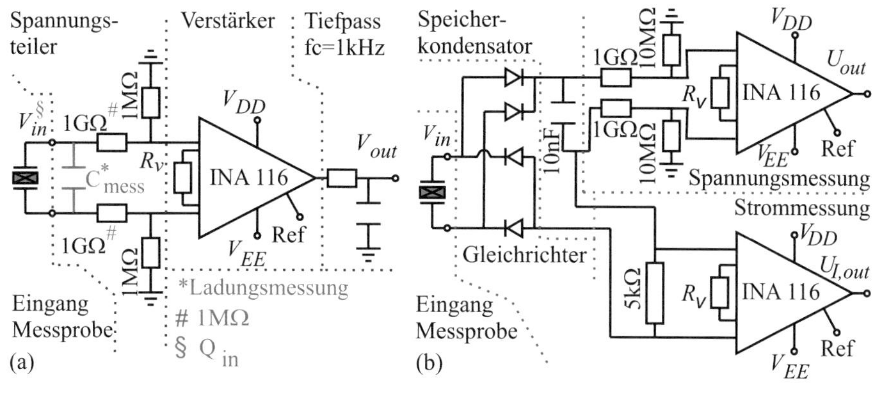

Abb. 4.7: Messschaltungen (a) zur Spannungs- und Ladungsmessung sowie (b) zur Aufnahme des Ladeverhaltens eines Kondensators

nachzustellen, wurde die Messschaltung gemäß Abbildung 4.7b verwendet. Die Auswahl der Dioden[8] für den Brückengleichrichter erfolgte hinsichtlich eines möglichst geringen Sperrstroms I_R. Der zweite wichtige Kennwert, die Flussspannung U_F, einer Diode fällt dadurch prinzipbedingt höher als zum Beispiel bei Schottky-Dioden aus. In der Messdurchführung wird dies entsprechend kompensiert. Der Strom wird als Spannungsabfall über einem Widerstand von 5 kΩ gemessen. Die Spannungsmessungen erfolgen gemäß Punkt c).

f) Steuerung und Datenaufnahme

Ein Softwareprogramm [132] steuert den Messablauf sowie die Aufnahme, die Aufbereitung und die Speicherung der Messwerte (Abbildung 4.6b). Ein Signalgenerator[9] stellt die Sollvorgabe. Es werden ausschließlich sinusförmige Signale ausgegeben. Ein Oszilloskop[10] digitalisiert die Messwerte. Durch Messbereichsanpassung und Mittelwertbildung über mehrere Perioden wird die Qualität der Messwerte erhöht. Da das Messsystem mit eingebautem Messkörper ein lineares Verhalten aufweist, ist es sinnvoll, bei sinusförmiger Anregung die Messergebnisse in Betrag und Phase anzugeben. Das reduziert die Datenmenge erheblich und wird automatisiert im Softwareprogramm über eine digitale Fouriertransformation (DFT) realisiert. Als Ergebnis stehen der Gleichanteil, die Grundschwingung und ihre Oberschwingungen sowie deren Phasenbeziehung zur Verfügung. Dieses Verfahren hat sich als sehr stabil und zuverlässig erwiesen. Bei der Messung des Ladens eines Kondensators werden die zeitabhängigen Rohdaten abgespeichert und im Nachgang automatisiert aufbereitet.

4.4 Messdatenaufbereitung

Aus der Vielzahl an Messergebnissen müssen durch geeignete automatisierte Verfahren charakteristische Kennwerte entnommen werden. Dabei ist darauf

[8] BAS45/A mit $U_{F,1mA} = 780$ mV und $I_{R,max,RT} = 1$ nA, Fa. Philips Semiconductors Amsterdam (NL)

[9] Agilent 33220A Function / Arbitrary Waveform Generator 20 MHz, Fa. Agilent Santa Clara (USA)

[10] Agilent 54624A Oscilloscope 100 MHz 4-Channel, Fa. Agilent Santa Clara (USA)

zu achten, dass die gewählten Algorithmen zur Kennwertextraktion stabil und zuverlässig arbeiten. Dazu werden die folgenden Verfahren genutzt.

4.4.1 Sinusförmige Messignale

Das Messprogramm lieferte als Ergebnisse einer DFT die Fourierkoeffizienten. Dabei traten folgende typische Klirrfaktoren k_{Klirr} auf:

- Kleinsignalmessung: $k_{Klirr} \ll 1\%$, d.h. vernachlässigbar
- Großsignalmessung:
  - Kraftmessung: $k_{Klirr} \leq 5\%$
  - Spannungs- / Ladungsmessung: $k_{Klirr} \leq 7\%$

Ursache für die vergleichsweise hohen Klirrfaktoren bei der Kraftmessung ist die hohe Nichtlinearität der dynamischen Erregung durch den Großsignalbetrieb des piezoelektrischen Aktors [133]. Im Folgenden wird nur der lineare Anteil, d.h. die Grundwelle, betrachtet.
Aus Kraft, Spannung, Ladung und den Geometriekennwerten lassen sich mit der Gleichung (3.16) die piezoelektrische Ladungskonstante d_{33}^{g} und mit der Gleichung (3.17) die piezoelektrische Spannungskonstante g_{33}^{G} im Generatorbetrieb berechnen. Die Permittivität ϵ_{33}^{G} ist mit der Gleichung (3.18) und das Gütekriterium w_{el}^{T} mit der Gleichung (3.12) bestimmbar. Der Index G steht für Generator und meint die piezoelektrische Verkopplung bei mechanischer Anregung.

4.4.2 Laden eines Kondensators

Abbildung 4.8 zeigt am Beispiel des Werkstoffes PIC181 [64] als Generator das Ladeverhalten eines externen Speicherkondensators.
Der maximale Strom I_{max} und die maximale Spannung U_{max} können unter der Bedingung, dass die ermittelte Zeitkonstante τ kleiner als 0,2 s ist, direkt ermittelt werden, weil dann ein Kondensator nach der Messzeit $t_{mess} \approx 1s$ als technisch vollgeladen gilt. $(5 \cdot \tau)$ entsprechen einem Ladezustand von mehr als 99 % [6]. Die Ladezeit ist aufgrund der stark nichtlinearen Signale infolge der Schaltvorgänge der Dioden nur ungenau ablesbar. Deshalb wird folgendes optimierte Verfahren für die Datenermittlung angewendet (Abbildung 4.8):

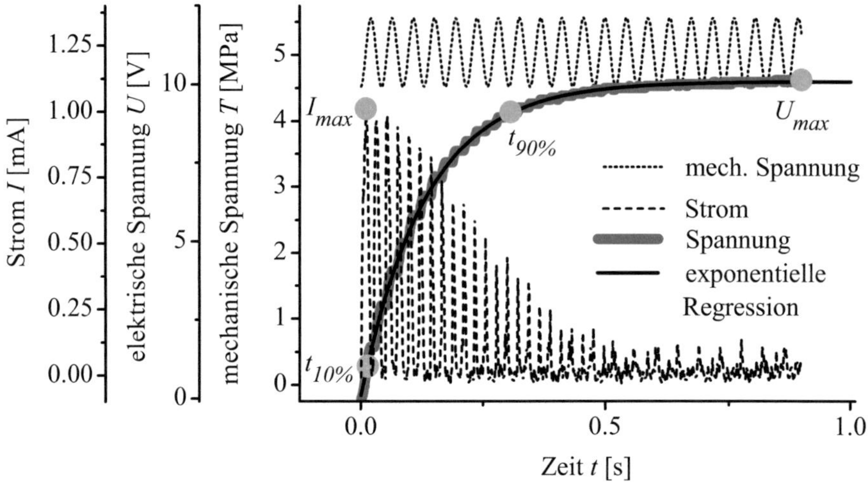

Abb. 4.8: Laden eines externen Speicherkondensators, Rohsignale.

- Der betrachtete Zeitbereich wird auf $t_{10\%}$ bis $t_{90\%}$ beschränkt, wobei eine grobe Bestimmung der Werte aus den Rohdaten ausreichend ist.
- Exponentielle Regressionsanalyse ($U = U_{max} \cdot \left(1 - e^{-t/\tau}\right)$) der Messwerte unter Verwendung der Methode der kleinsten Fehlerquadrate.
- Die Zeitkonstante $\tau = \left(t_{90\%} - t_{10\%}\right) / ln\left(9\right)$ wird aus der gefitteten Exponentialfunktion mit der Anstiegszeit $t_r = t_{90\%} - t_{10\%}$ ermittelt (Abbildung 4.8c) [6].

4.4.3 Datenreduktion bei der Großsignalmessung

Die Großsignalmessung liefert frequenz- und belastungsabhängige Messdaten für die piezoelektrische Ladungskonstante $d_{33}^{G,GS}$ und die Spannungskonstante $g_{33}^{G,GS}$. Die Abbildung 4.9 stellt exemplarisch eine typische Datenmenge am Beispiel des Werkstoffes PIC255 [64] graphisch dar. Die relevanten Daten werden getrennt nach Frequenz- und Belastungsabhängigkeit abgeleitet.

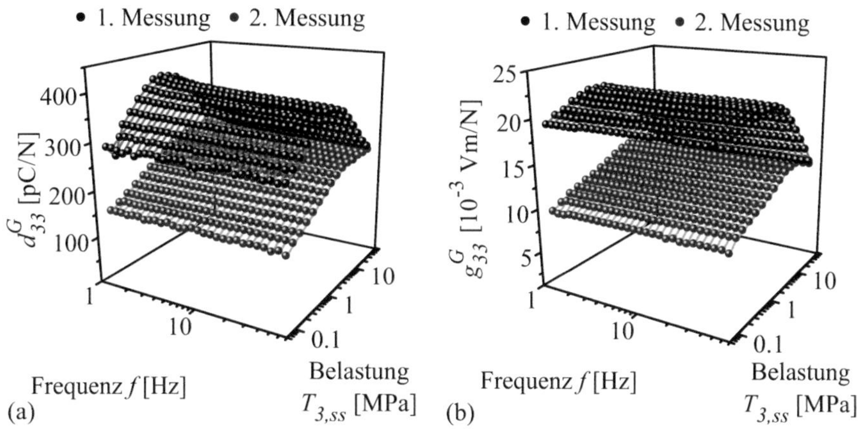

Abb. 4.9: Frequenz- und belastungsabhängige Messdaten (a) der piezoelektrischen Ladungkonstante $d_{33}^{G,GS}$ und (b) der piezoelektrischen Spannungskonstante $g_{33}^{G,GS}$ des Werkstoffes PIC255 [64]. Die Punkte repräsentieren entsprechende Messwerte. Die Gitterlinien unterstützen nur die Darstellung.

a) Frequenzabhängige Messdaten

Die Abbildung 4.10 zeigt den frequenzabhängigen Verlauf der Ladungs- bzw. Spannungskonstante des Werkstoffes aus Abbildung 4.9. Die Daten wurden für diese Darstellung aus der XZ-Ebene bei einer Belastung von 2 MPa entnommen und entsprechen der ersten Messung.

Aus [100] ist eine logarithmische Abhängigkeit der piezoelektrischen Ladungskonstanten d_{33}^{G} für PZT-basierte Piezokeramiken bekannt:

$$d_{33}^{G} = d_{33,init}^{G} + d_{33,freq}^{G} \cdot \ln\left(\frac{f}{Hz}\right). \tag{4.5}$$

Ursache dafür sind zeitabhängige Relaxationsprozesse geklemmter Domänenwände aufgrund äußerer Belastungen.

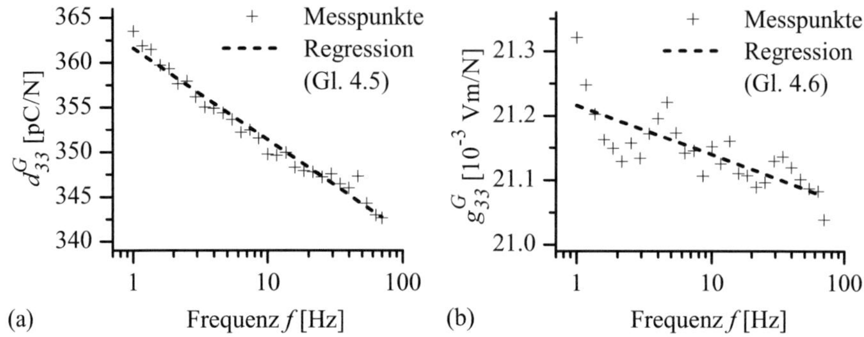

Abb. 4.10: Frequenzabhängigkeit (a) der piezoelektrischen Ladungkonstante $d_{33}^{G,GS}$ und (b) der piezoelektrischen Spannungskonstante $g_{33}^{G,GS}$ des Werkstoffes PIC255 [64]. Die Regressionsgraphen berechnen sich gemäß den Gleichungen (4.5) und (4.6).

Das Verfahren glättet und reduziert die frequenzabhängigen Messdaten auf zwei charakteristische Kennwerte. Dabei gilt:

1. $d_{33,init}^{G}$ entspricht dem Wert $d_{33}^{G}(f = 1\ Hz)$ bei der Frequenz von 1 Hz.
2. $d_{33,freq}^{G}$ beschreibt die logarithmische Steigung.

Ein sehr ähnliches Verhalten ist bei der piezoelektrischen Spannungskonstanten g_{33}^{G} beobachtbar. Deshalb wird dafür der gleiche Ansatz wie in Gleichung (4.5) verwendet:

$$g_{33}^{G} = g_{33,init}^{G} + g_{33,freq}^{G} \cdot \ln\left(\frac{f}{Hz}\right) \tag{4.6}$$

In der Ergebnisdarstellung (Kapitel 5) und Diskussion (Kapitel 6) werden ausschließlich die Initialwerte bei 1 Hz verwendet. Die logarithmische Steigung, d.h. die Frequenzabhängigkeit, ist lediglich ein Ergebnis der Berechnung und für die Auswertung nicht relevant.

b) Lastabhängige Messdaten

Die Abbildung 4.11 zeigt exemplarisch einen belastungsabhängigen Verlauf der Ladungs- bzw. Spannungskonstante des piezoelektrischen Werkstoffes aus Abbildung 4.9. Das entspricht den Daten auf der YZ-Ebene mit einer Frequenz von 1 Hz, wobei die Datenreduktion für die frequenzabhängigen Werte gemäß Abschnitt 4.4.3a erfolgte. Für vergleichende Bewertungen sind die Anfangs-, End- und Maximalwerte von Interesse. Für Letzteres ist auch die Angabe der dazugehörigen Höhe der mechanischen Belastung notwendig.

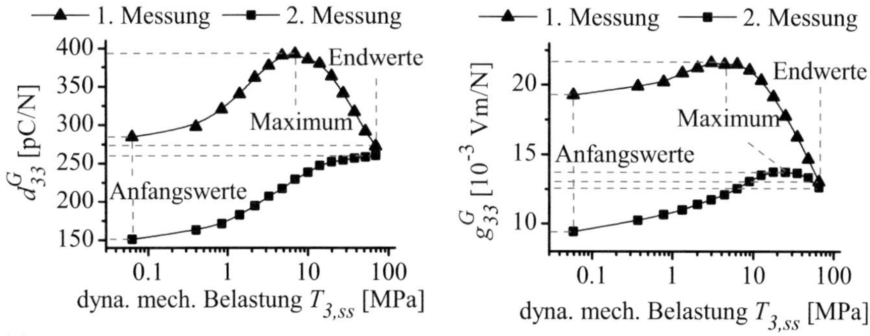

(a) (b)

Abb. 4.11: Belastungsabhängigkeit (a) der piezoelektrischen Ladungkonstante $d_{33}^{G,GS}$ und (b) der piezoelektrischen Spannungskonstante $g_{33}^{G,GS}$ des Werkstoffes PIC255 [64].

Kapitel 5

Ergebnisse

Die Ergebnisse der Messungen der frequenzabhängigen elektrischen Impedanz sowie Klein- und Großsignalkennwerte unter mechanischer Stimulation der 47 betrachteten Werkstoffe sind in diesem Kapitel detailliert dargestellt und zusammengefasst. Die systematische Diskussion der Effekte und der Vergleich erfolgt dann im folgenden Kapitel 6.

Ziel ist dabei das Erkennen gleicher Eigenschaften der Werkstoffe innerhalb der jeweiligen Werkstoffgruppen (Abschnitt 3.4). Parallel dazu wird aber auch auf individuelle Besonderheiten einzelner Werkstoffe eingegangen. Die Gruppen I, II, III und VI eignen sich bestens für eine detaillierte Auswertung, da viele verschiedene Werkstoffe unterschiedlicher Hersteller zur Verfügung stehen. Das erlaubt generalisierende Aussagen mit statistischer Absicherung. In diese vier Werkstoffgruppen lassen sich nahezu alle bekannten ferroelektrisch harten und weichen Werkstoffe auf Basis von PZT einordnen, die in den meisten technischen Anwendungen genutzt werden.

In den Gruppen IV, VII und VIII sind nur wenige Werkstoffe vertreten, so dass auf generalisierende Aussagen bezüglich des Werkstoffverhaltes der Gruppe verzichtet werden muss. Deshalb kann dort nur auf die individuellen Eigenschaften der untersuchten Werkstoffe eingegangen werden. Gleiches gilt auch für die sonstigen Werkstoffe der Gruppe IX.

5.1 Geometriekennwerte

Die Geometriekennwerte Durchmesser und Dicke der Messkörper wurden zweimal jeweils vor den Messungen der frequenzabhängigen Impedanz erfasst (Abschnitt 4.2). Die gemessenen Werte betragen:

- Durchmesser $\approx$10 mm
- Dicke $\approx$1 mm

und entsprechen damit den Vorgaben aus Abschnitt 4.1. Die Abweichungen sind gering und liegen im Bereich der Toleranzangaben der Hersteller [81, 64, 115, 65, 84, 87, 116, 117, 118, 119, 120, 121, 122, 123, 124, 125].
Nach hoher mechanischer Belastung (Abschnitt 4.3.3) zeigte sich ein Trend zur Abnahme der Dicke bei gleichzeitiger Zunahme des Durchmessers. Die Änderungen liegen in der Größenordnung von weniger als 5‰ und sind somit für die weiteren Betrachtungen nicht relevant.

5.2 Frequenzabhängige elektrische Impedanz

Die Messung der frequenzabhängigen elektrischen Impedanz liefert als charakteristische Werkstoffkenndaten die planaren Frequenzkonstanten $N_{P,r}$ bzw. $N_{P,a}$ für Resonanz- sowie Antiresonanzfrequenz, die relative Permittivität $\epsilon_{33}^{T}/\epsilon_0$ und den planaren Koppelfaktor k_P (Abschnitt 4.3.2). Die Abbildung 5.1 fasst die Ergebnisse der betrachteten Werkstoffe zusammen. Die Zahlenwerte können den Anhängen A (Datenblattwerte) und B.1 (Messwerte) entnommen werden.

5.2.1 Planare Frequenzkonstanten

In Abbildung 5.1a sind die Werte für die beiden planaren Frequenzkonstanten $N_{P,r}$ und $N_{P,a}$ der betrachteten Werkstoffe gezeigt.
Ferroelektrisch harte Werkstoffe der Gruppen I und III weisen die folgenden durchschnittlichen Werte auf: $N_{P,r} = 2250$ Hzm und $N_{P,a} = 2600$ Hzm. Nach hoher mechanischer Belastung verschieben sich die planaren Resonanzfrequenzkonstanten $N_{P,r}$ minimal (Abbildung 5.1a). Dabei ist kein eindeutiger Trend zu höheren

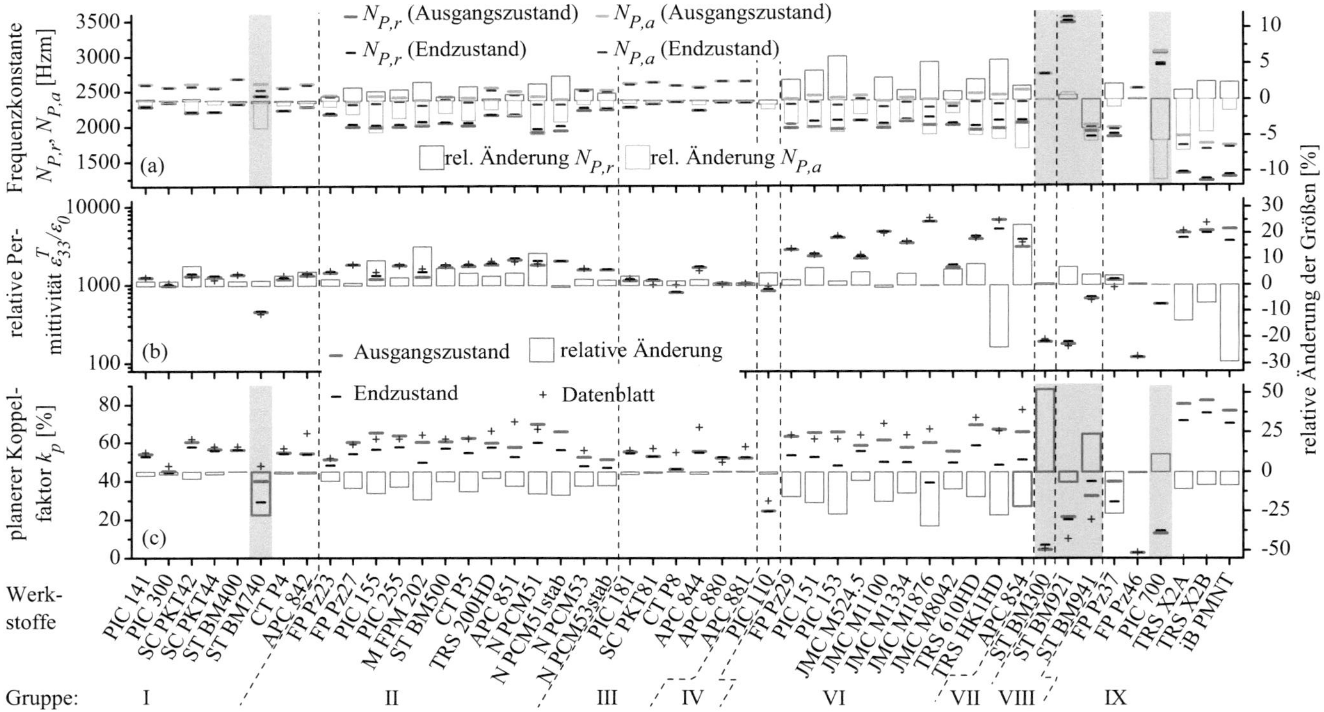

Abb. 5.1: Messergebnisse der frequenzabhängigen elektrischen Impedanz (Mittelwerte): (a) planare Frequenzkonstanten $N_{P,r}$ und $N_{P,a}$, (b) relative Permittivität $\epsilon_{33}^T/\epsilon_0$ und (c) planarer Koppelfaktor k_P.

bzw. niedrigeren Werten erkennbar. Die planaren Antiresonanzfrequenzkonstanten $N_{P,a}$ fallen einheitlich niedriger aus. Die relativen Änderungen sind gering und betragen weniger als 2%.
Im Vergleich dazu zeigen ferroelektrisch weiche Werkstoffe der Gruppen II und VI ein anderes Verhalten. Die durchschnittlichen Werte für die planaren Frequenzkonstanten liegen bei $N_{P,r}$ = 2000 Hzm und $N_{P,a}$ = 2400 Hzm und sind somit niedriger als bei ferroelektrisch harten Werkstoffen. Auffällig ist die einheitliche Verschiebung der planaren Resonanzfrequenzkonstanten $N_{P,r}$ zu höheren Werten und der planaren Antiresonanzfrequenzkonstanten $N_{P,a}$ zu niedrigeren Werten nach hoher mechanischer Belastung. Die relativen Änderungen der planaren Frequenzkonstanten betragen für die Werkstoffe der Gruppe II bis zu 5% und für die Werkstoffe der Gruppe VI teilweise mehr als 5%.
Für die Werkstoffe der übrigen Gruppen gelten ähnliche Gesetzmäßigkeiten. Folgende Zuordnung ist sinnvoll:

- **Ferroelektrisch hart (Gruppen I und III):**
  - Gruppe IV: PIC 110 [64]
  - Gruppe IX: Pz46 [81]
- **Ferroelektrisch weich (Gruppen II und VI):**
  - Gruppe IX: Pz37 [81], Einkristalle: X2A, X2A [117] und PMNT [125]

Die Werkstoffe BM300 (Gruppe VII), BM921 und BM941 [65] (Gruppe VIII) weisen eine zu geringe mechanische Schwinggüte auf, so dass die Auswerteverfahren nach [126] nicht ohne weiteres zulässig sind. Alle Proben der Werkstoffe BM740 [65] und PIC 700 [64] zeigen deutliche Änderungen der frequenzabhängigen elektrischen Impedanz nach hoher Belastung. Die Bestimmung der Resonanz- und Antiresonanzfrequenz ist nicht mehr eindeutig gegeben, so dass eine Auswertung nach [126] unmöglich wird. Der Vollständigkeit halber ist aber die Darstellung der Ergebnisse in Abbildung 5.1a grau hinterlegt.

5.2.2 Relative Permittivität

Die Werte für die relative Permittivität $\epsilon_{33}^{T}/\epsilon_0$ der untersuchten Werkstoffe sind in Abbildung 5.1b gezeigt. Deutlich erkennbar ist die gute Übereinstimmung zwischen Datenblatt- und Messwerten vor der mechanischen Belastung.

Ferroelektrisch harte Werkstoffe der Gruppen I und III weisen eine durchschnittliche relative Permittivität von $\epsilon_{33}^T/\epsilon_0$ in der Größenordnung von 1000 auf. Nach hoher mechanischer Belastung steigt diese um weniger als 10% an.

Ferroelektrisch weiche Werkstoffe der Gruppe II mit durchschnittlicher relativer Permittivität von $\epsilon_{33}^T/\epsilon_0$ von etwa 2000 und der Gruppe VI mit durchschnittlicher relativer Permittivität von $\epsilon_{33}^T/\epsilon_0$ von etwa 3500 weisen ein anderes Verhalten auf. Nach hoher mechanischer Belastung treten Veränderungen zu höheren bzw. niedrigeren Werten auf. Es existieren Werkstoffe mit sehr schwacher Änderung von weniger als $\pm 1\%$, z.B. Pz 27 [81] oder M1100 und M1878 [120], und sehr starker Änderung von mehr als $\pm 20\%$, z.B. 854 (Firma American Piezo Company) oder HK1HD [117].

Bariumtitanat (PIC110 [64], Gruppe IV) und Bleititanat (BM300, [65] Gruppe VII) zeigen ein ähnliches Verhalten wie die ferroelektrisch harten Werkstoffe der Gruppen I und III.

Die beiden Werkstoffe auf Basis von Bleimetaniobat (BM921 und BM941 [65]) weisen eine Erhöhung der relativen Permittivität $\epsilon_{33}^T/\epsilon_0$ nach hoher mechanischer Belastung auf.

Bei den keramischen Sonderwerkstoffen Pz37 und Pz46 [81] aus der Gruppe IX steigt die relative Permittivität $\epsilon_{33}^T/\epsilon_0$ nach hoher mechanischer Belastung. Eine Absenkung der relativen Permittivität $\epsilon_{33}^T/\epsilon_0$ tritt beim PIC700 [64] und bei den ferroelektrisch einkristallinen Werkstoffen der Gruppe IX, X2A und X2B [117] bzw. PMNT [125] ein.

5.2.3 Planarer Koppelfaktor

Die Abbildung 5.1c stellt den planaren Koppelfaktor k_P der betrachteten Werkstoffe dar. Der Großteil der Messwerte fällt im Vergleich zu den Datenblattwerten geringer aus. Der wahrscheinlichste Grund für die Abweichungen liegt in der gewählten Probengeometrie (Abschnitt 4.1). Die DIN-Norm [126] fordert als Form eine dünne, große Kreisscheibe. FEM-Simulationen zeigen, dass besonders die Dicke der Messkörper einen großen Einfluss hat. Wählt man eine Kreisscheibe, die deutlich dünner und größer als die betrachtete Probengeometrie ist, ergibt sich ein um bis zu 10% höherer planarer Koppelfaktor k_P.

Ferroelektrisch weiche Werkstoffe der Gruppen II und VI weisen einen typischen planaren Koppelfaktor k_P zwischen 60% und 70% auf. Nach hoher mechanischer Belastung reduzieren sich diese Werte um bis zu 20% (Gruppe II) bzw. 40% (Gruppe VI).

Im Gegensatz dazu existieren ferroelektrisch harte Werkstoffe (Gruppen I und III), die eine Verringerung, z.B. PIC 141 [64], oder eine Erhöhung, z.B. 880 (Firma America Piezo Ceramic) des planaren Koppelfaktors k_P aufweisen. Typische Werte für k_p liegen zwischen 50% und 60%. Die Änderungen nach hoher mechanischer Belastung betragen weniger als 5%.

Bariumtitanat der Gruppe IV (PIC 110 [64]) und Wismuttitanat der Gruppe IX (Pz46 [81]) verhalten sich ähnlich den ferroelektrisch harten Werkstoffen der Gruppen I und III. Der planare Koppelfaktor ist aber deutlich geringer.

Das Verhalten des planaren Koppelfaktors von Pz37 [81] sowie der ferroelektrischen einkristallinen Werkstoffe X2A und X2B [117] und PMNT [125] (Gruppe IX) ist den ferroelektrisch weichen Werkstoffen der Gruppen II und VI sehr ähnlich.

Die planaren Koppelfaktoren k_P der Werkstoffe BM740 (Gruppe I), BM300 (Gruppe VII), BM921 und BM941 [65] (Gruppe VIII) sowie PIC700 [64] können mit dem Auswerteverfahren aus [126] nicht ausreichend genau bestimmt werden. Es gelten die gleichen Gründe wie in Abschnitt 5.2.1 beschrieben. Die ermittelten Werte sind daher nur der Vollständigkeit halber in Abbildung 5.1c grau hinterlegt dargestellt.

5.3 Kleinsignalkennwerte

Die Abbildung 5.2 zeigt die piezoelektrische Ladungskonstante $d_{33}^{G,KS}$ und die piezoelektrische Spannungskonstante $g_{33}^{G,KS}$ der betrachteten Werkstoffe als ein Ergebnis der Messung mit Kleinsignalstimulation (Abschnitt 4.3.3). Die genauen Messdaten können aus dem Anhang B.2 entnommen werden. Im Ausgangszustand sind beide Kennwerte im Vergleich zu den Datenblattangaben [81, 64, 115, 65, 84, 87, 116, 117, 118, 119, 120, 121, 122, 123, 124, 125] um durchschnittlich 20% niedriger. Das wurde bereits bei der Auswahl der Geometrie der Messkörper simulativ in Abschnitt 4.1 vorhergesagt und durch diese Messungen bestätigt. Ebenso ist zu beachten, dass den Datenblattangaben möglicherweise ein ande-

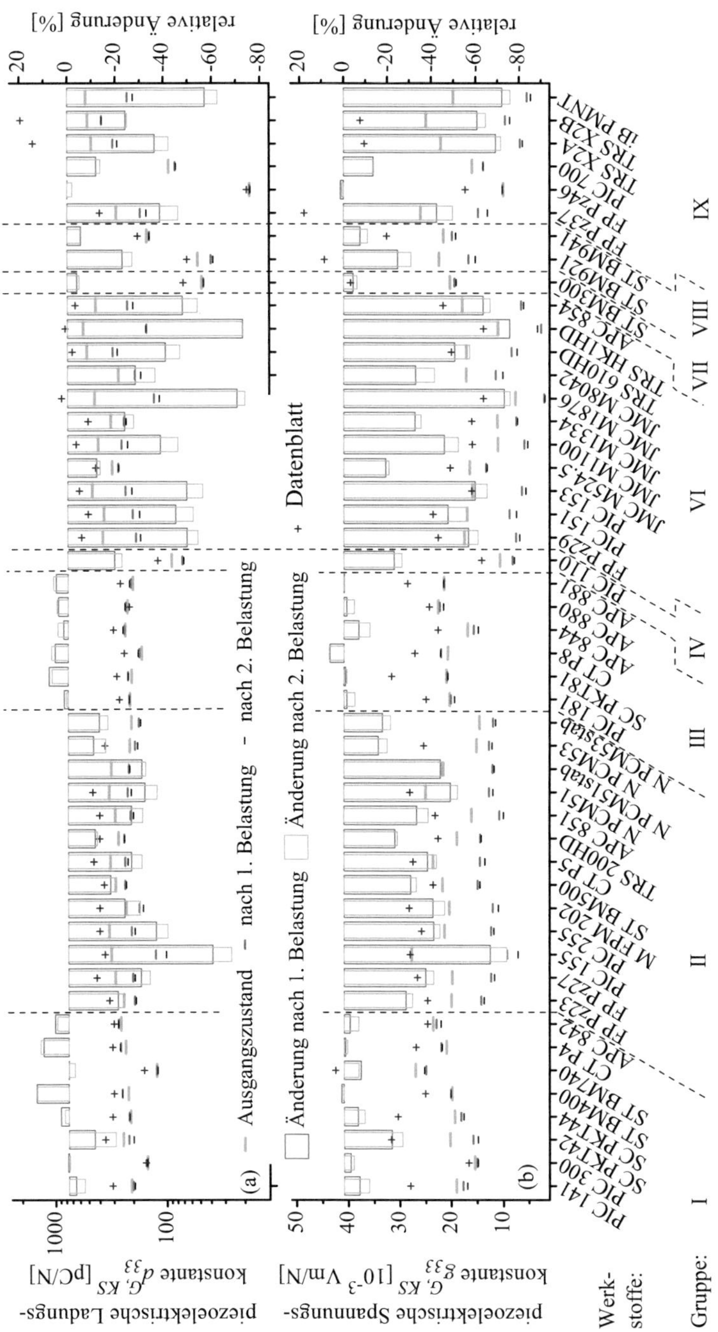

Abb. 5.2: Messergebnisse im Kleinsignalbetrieb: (a) piezoelektrische Ladungskonstante $d_{33}^{G,KS}$ und (b) piezoelektrische Spannungskonstante $g_{33}^{G,KS}$.

res Messverfahren, z.B. die Messung und Auswertung der frequenzabhängigen Impedanz nach [126], zugrunde liegt.

5.3.1 Piezoelektrische Ladungskonstante

Ferroelektrisch harte Werkstoffe der Gruppen I und III weisen eine piezoelektrische Ladungskonstante $d_{33}^{G,KS}$ von etwa 200 pC/N auf. Nach hoher mechanischer Belastung ergeben sich geringfügige Änderungen. So steigt in der Gruppe III die piezoelektrische Ladungskonstante $d_{33}^{G,KS}$ einheitlich um weniger als 10% an. Bei den Werkstoffen der Gruppe I treten sowohl niedrigere (z.B. PKT42 [115]) als auch höhere (z.B. BM400 [65]) Werte auf. Diese Änderungen können bis zu 20% betragen. Für beide Werkstoffgruppen gilt, dass die zweite hohe mechanische Belastung nicht zwangläufig zu einer weiteren signifikanten Änderung der Eigenschaften führt.

Die ferroelektrisch weichen Werkstoffe haben eine piezoelektrische Ladungskonstante $d_{33}^{G,KS}$ von etwa 300 pC/N (Gruppe II) bzw. 400 pC/N (Gruppe VI). Nach hoher mechanischer Belastung tritt eine deutliche Verringerung, teilweise um bis zu 80%, auf. Es wird ein Niveau von 200 pC/N und darunter erreicht. Das ist vergleichbar mit ferroelektrisch harten Werkstoffen der Gruppen I und III. Zusätzlich ist eine weitere Verringerung der piezoelektrischen Ladungskonstante $d_{33}^{G,KS}$ nach nochmaliger Belastung zu erkennen.

Für die keramischen Werkstoffe der Gruppen IV, VII, VIII und IX gelten die Zuordnungen gemäß Tabelle 5.1.

Die gemessenen piezoelektrischen Ladungskonstanten $d_{33}^{G,KS}$ der ferroelektrisch einkristallinen Werkstoffe der Gruppe IX (X2A und X2B [117] und PMNT [125]) sind deutlich kleiner als die Angaben in den Datenblättern. Nach hoher mechanischer Belastung tritt eine deutliche Reduktion der piezoelektrischen Ladungskonstanten $d_{33}^{G,KS}$ auf, die mit den ferroelektrisch weichen Werkstoffen der Gruppe VI vergleichbar ist.

5.3.2 Piezoelektrische Spannungskonstante

Die Werte für die piezoelektrische Spannungskonstante $g_{33}^{G,KS}$ (Abbildung 5.2b) sind, speziell für die Werkstoffgruppen II, IV, VI, VII und VIII sowie die keramischen Werkstoffe der Gruppe IX, vergleichbar mit den Ergebnissen der piezoelektrischen Ladungskonstante $d_{33}^{G,KS}$ (Abschnitt 5.3.1). Das war zu erwarten, da gemäß Gleichung (3.18) ein direkter Zusammenhang zwischen piezoelektrischer Spannungs- und Ladungskonstante unter Berücksichtigung der relativen Permittivität $\epsilon_{33}^{T}/\epsilon_0$ besteht. Die relativen Änderungen der piezoelektrischen Spannungskonstante $g_{33}^{G,KS}$ sind betragsmäßig größer als bei der piezoelektrischen Ladungskonstante $d_{33}^{G,KS}$. Das muss nach Gleichung (3.18) zwangsläufig zu höheren Werten für die relative Permittivität $\epsilon_{33}^{T}/\epsilon_0$ führen, was in Abschnitt 5.2.2 gezeigt ist.

Die Werte für die piezoelektrische Spannungskonstante $g_{33}^{G,KS}$ ferroelektrisch harter Werkstoffe der Gruppen I und III liegen bei etwa $20{\cdot}10^{-3}$ Vm/N. Nach hoher mechanischer Belastung tritt eine Verringerung um bis zu 20% ein. Eine Ausnahme bilden die Werkstoffe BM400 [65] (Gruppe I) und P8 [84] (Gruppe III). Diese weisen eine Steigerung um weniger als 10% auf.

Ferroelektrisch weiche Werkstoffe haben im Ausgangszustand Werte für die piezoelektrische Spannungskonstante $g_{33}^{G,KS}$ bei etwa $20{\cdot}10^{-3}$ Vm/N (Gruppe II) und $15{\cdot}10^{-3}$ Vm/N (Gruppe VI).

Die ferroelektrisch einkristallinen Werkstoffe der Gruppe IX (X2A und X2B [117] und PMNT [125]) zeigen im Ausgangszustand eine piezoelektrische Spannungskonstante $g_{33}^{G,KS}$ von ca. $20{\cdot}10^{-3}$Vm/N. Nach hoher mechanischer Belastung tritt

Tab. 5.1: Zuordnung der ferroelektrischen Eigenschaften der keramischen Werkstoffe. Kriterium: piezoelektrische Ladungskonstante $d_{33}^{G,KS}$.

Gruppe	Werkstoff	Hersteller	Ferroelektrische Eigenschaft
IV	PIC110	[64]	weich
VII	BM300	[65]	hart
VIII	BM921	[65]	weich
	BM941		hart
IX	Pz37	[81]	weich
	Pz46		hart
	PIC700	[64]	hart

eine merkliche Reduktion auf. Diese fällt deutlicher aus als bei der piezoelektrischen Ladungskonstante $d_{33}^{G,KS}$, obwohl die relative Permittivität $\epsilon_{33}^{T}/\epsilon_0$ für diese Werkstoffe ebenso sinkt (Abschnitt 5.2.2).

5.3.3 Piezoelektrische Energiedichtekonstante

In der Abbildung 5.3a ist die piezoelektrische Energiedichtekonstante $1/w_{33}^{G,KS}$ gezeigt. Diese wird nicht direkt gemessen, sondern gemäß Gleichung (3.12) unter Verwendung der Messwerte aus den Abschnitten 5.3.1 und 5.3.2 berechnet. Daraus ergeben sich deutliche Ähnlichkeiten im Verhalten zur piezoelektrischen Ladungs- und Spannungskonstante.

Die Werkstoffe der Gruppen I und III weisen durchschnittlich eine piezoelektrische Energiedichtekonstante $1/w_{33}^{G,KS}$ von $4 \cdot 10^{-12}$ m^2/J auf. Diese ändert sich nur geringfügig nach hoher mechanischer Belastung, wobei es, wie bereits bei der piezoelektrischen Ladungskonstante $d_{33}^{G,KS}$ festgestellt, zu einer Erhöhung kommen kann.

Die piezoelektrische Energiedichtekonstante $1/w_{33}^{G,KS}$ erreicht für die Werkstoffe der Gruppen II und VI Werte bis $4 \cdot 10^{-12}$ m^2/J. Nach hoher mechanischer Belastung sinken diese Werte sehr stark ab. Die Änderungen betragen teilweise mehr als 80%.

Die keramischen Werkstoffe der übrigen Gruppen lassen sich dem Verhalten nach in ferroelektrisch hart bzw. weich einordnen (Tabelle 5.2).

Bei den ferroelektrischen Einkristallen ändert sich die piezoelektrische Energiedichtekonstante $1/w_{33}^{G,KS}$ sehr stark. Das Verhalten ist vergleichbar mit den Werkstoffen der Gruppe VI.

5.3.4 Relative Permittivität

Die Permittivität $\epsilon_{33}^{T,G,KS}/\epsilon_0$ berechnet sich gemäß Gleichung (3.18) unter Verwendung der Messwerte aus den Abschnitten 5.3.1 und 5.3.2. Die Ergebnisse sind in Abbildung 5.3b dargestellt. Das verwendete Messverfahren ist vordergründig nicht für die Bestimmung der Permittivität piezoelektrischer Proben bekannt. Die theoretische Nutzbarkeit dieser Methode ist aber nach Gleichung (3.18) gege-

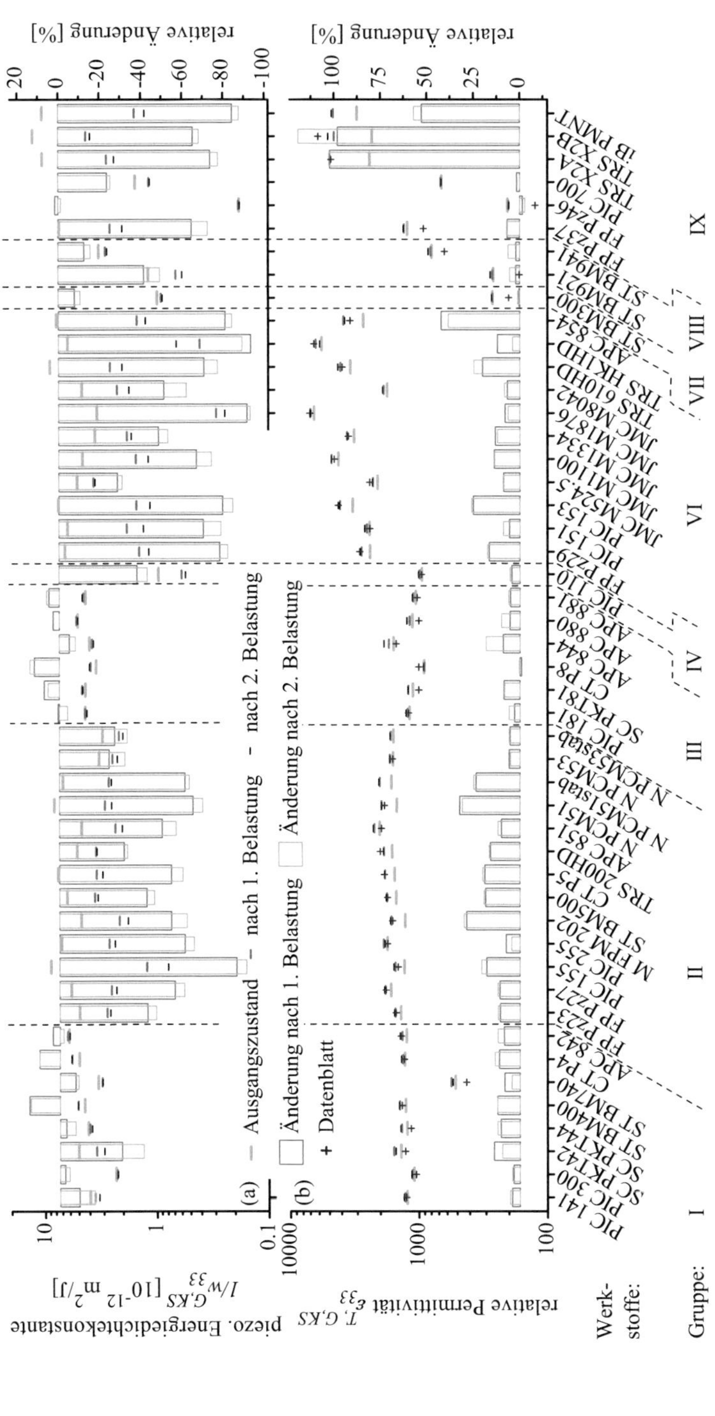

Abb. 5.3: Messergebnisse im Kleinsignalbetrieb: (a) piezoelektrische Energiedichtekonstante $1/w_{el}^{TEG}$ und (b) Permittivität $\epsilon_{33}^{T,TEG}/\epsilon_0$.

Tab. 5.2: Zuordnung der ferroelektrischen Eigenschaften der keramischen Werkstoffe. Kriterium: piezoelektrische Energiedichtekonstante $1/w_{33}^{G,KS}$.

Gruppe	Werkstoff	Hersteller	Ferroelektrische Eigenschaft
IV	PIC110	[64]	weich
VII	BM300	[65]	hart
VIII	BM921	[65]	weich
	BM941		hart
IX	Pz37	[81]	weich
	Pz46		hart
	PIC700	[64]	hart

ben. Die berechneten Werte weisen im Vergleich zu den Messwerten (Abschnitt 5.2.2) nur geringe Abweichungen auf. Das spricht auch für die Genauigkeit des Messverfahrens. Somit kann die hier vorgestellte Methode ersatzweise, z.B. beim Fehlen entsprechender Messtechnik, an Stelle des genormten Verfahrens nach [126] verwendet werden.
Das Verhalten der Werkstoffgruppen bzw. einzelner Werkstoffe bezüglich der Permittivität ist in Abschnitt 5.2.2 ausführlich beschrieben.

5.3.5 Laden eines externen Speicherkondensators

Die Messungen beim Laden eines externen Speicherkondensators sind unter zwei verschiedenen Bedingungen durchgeführt worden:

1. konstante mechanische Amplitude mit $T_{3,ss} = 1$ MPa,
2. definierter Endzustand mit einer Spannung $U_{max} = 10$ V am Speicherkondensator.

Für den zweiten Fall wurde die mechanische Belastung $T_{3,ss}$ entsprechend angepasst.
Aus den Ergebnissen folgen unter der Bedingung $T_{3,ss} = 1$ MPa die maximale Spannung am Speicherkondensator bzw. unter der Bedingung $U_{max} = 10$ V die mechanische Spannung sowie die Zeitkonstante τ und der maximale Strom I_{max}.

a) Konstante mechanische Belastung

Die Ergebnisse der Messungen mit konstanter mechanischer Belastung von $T_{3,ss} =$ 1 MPa sind in Abbildung 5.4 dargestellt. Die Zahlenwerte sind in Anhang B.3.1 abgelegt.
Bei ferroelektrisch harten Werkstoffen der Gruppen I bzw. III wurden die folgenden mittleren Werte ermittelt:

1. maximale Spannung: $U_{max} = 9$ V
2. Zeitkonstante: $\tau = 135$ ms
3. maximaler Strom: $I_{max} = 1\ \mu$A

Nach hoher mechanischer Belastung treten für diese drei Werte nur geringfügige relative Änderungen von weniger als 20% auf. Die maximale Spannung sinkt mit Ausnahme der Werkstoffe BM400 [65] und P8 [84] ab, während der maximale Strom mit Ausnahme des Werkstoffes PKT42 [115] zunimmt. Die Zeitkonstante τ reduziert sich für alle betrachteten harten Werkstoffe.
Für ferroelektrisch weiche Werkstoffe sind folgende mittlere Werte gemessen worden:

1. maximale Spannung: U_{max}: 10 V (Gruppe II) bzw. 6 V (Gruppe VI)
2. Zeitkonstante: τ: 100 ms (Gruppe II) bzw. 50 ms (Gruppe VI)
3. maximaler Strom: I_{max}: 1,3 μA (Gruppe II) bzw. 1,7 μA (Gruppe VI)

Die Werte für die maximale Spannung U_{max} und den maximalen Strom I_{max} reduzieren sich nach hoher mechanischer Belastung deutlich. Die relativen Änderungen betragen bis zu 80%. Für die Werkstoffe M1876 [120] und HK1HD [117] sind die Änderungen so groß, dass mit der genutzten Gerätetechnik keine zuverlässige Messung mehr möglich ist. Diese Werte sind für weitere Betrachtungen nicht nutzbar und nur der Vollständigkeit halber grau hinterlegt dargestellt.
Die Zeitkonstante τ sinkt für die meisten betrachteten Werkstoffe um weniger als 20% ab. Eine Ausnahme ist der Werkstoff M1100 [120] mit einer deutlichen Zunahme der Zeitkonstanten τ um mehr als 30%.

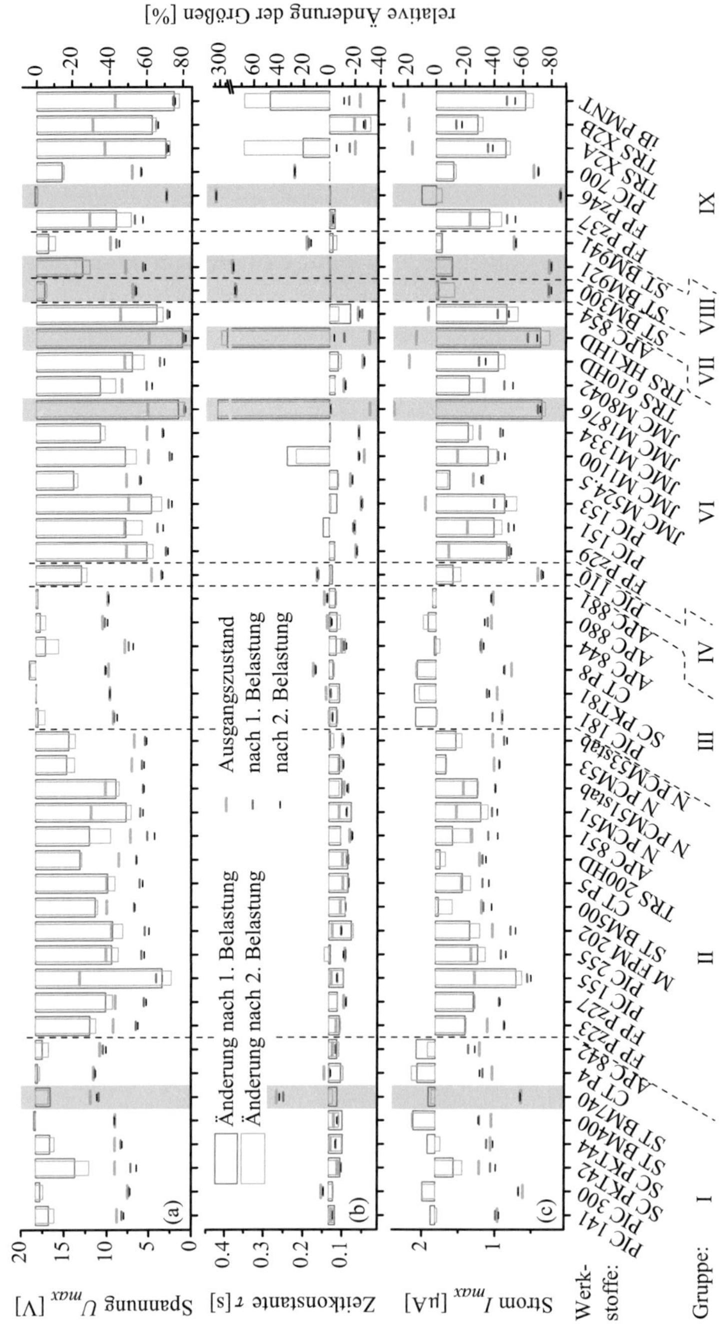

Abb. 5.4: Messergebnisse beim Laden eines Speicherkondensators: (a) Spannung U_{max}, (b) Zeitkonstante τ und (c) maximaler Strom I_{max} unter Berücksichtigung einer maximalen mechanischen Belastung von $T_{3,ss} = 1$ MPa.

Tab. 5.3: Zuordnung der ferroelektrischen Eigenschaften der keramischen Werkstoffe. Kriterium: Kennwerte der Messdurchführung Laden eines Kondensators.

Gruppe	Werkstoff	Hersteller	Ferroelektrische Eigenschaft
IV	PIC110	[64]	hart
VII	BM300	[65]	hart
VIII	BM921	[65]	weich
	BM941		hart
IX	Pz37	[81]	weich
	Pz46		hart
	PIC700	[64]	weich

Die keramischen Werkstoffe der anderen Gruppen verhalten sich ähnlich wie ferroelektrisch harte bzw. weiche Werkstoffe. Es gilt die Zuordnung gemäß Tabelle 5.3.

Die einkristallinen Werkstoffe der Gruppe IX(X2A und X2B [117] und PMNT [125]) zeigen grundsätzlich ein ferroelektrisch weiches Verhalten, vergleichbar mit Werkstoffen der Gruppe VI. Auffällig ist die deutliche Änderung der Zeitkonstanten τ um mehr als 20% hin zu größeren Werten für X2A [117] bzw. PMNT [125] und hin zu kleineren Werten für X2B [117].

Die Werkstoffe BM740, BM300 und BM941 [65] sowie Pz46 [81] weisen zu hohe Zeitkonstanten τ auf, so dass die Auswertung gemäß Abschnitt 4.4.2 zu ungenaue Ergebnisse lieferte. Die Messdaten sind daher nur der Vollständigkeit halber grau hinterlegt in Abbildung 5.4 dargestellt.

b) Konstante elektrische Spannung

Die Abbildung 5.5 zeigt die Ergebnisse der Messungen, bei der der Speicherkondensator auf $U_{max} = 10$ V aufgeladen wurde. Dazu wurde die mechanische Belastung (Abbildung 5.5a) dem Werkstoffverhalten angepasst. Die Messdaten befinden sich in Anhang B.3.2.

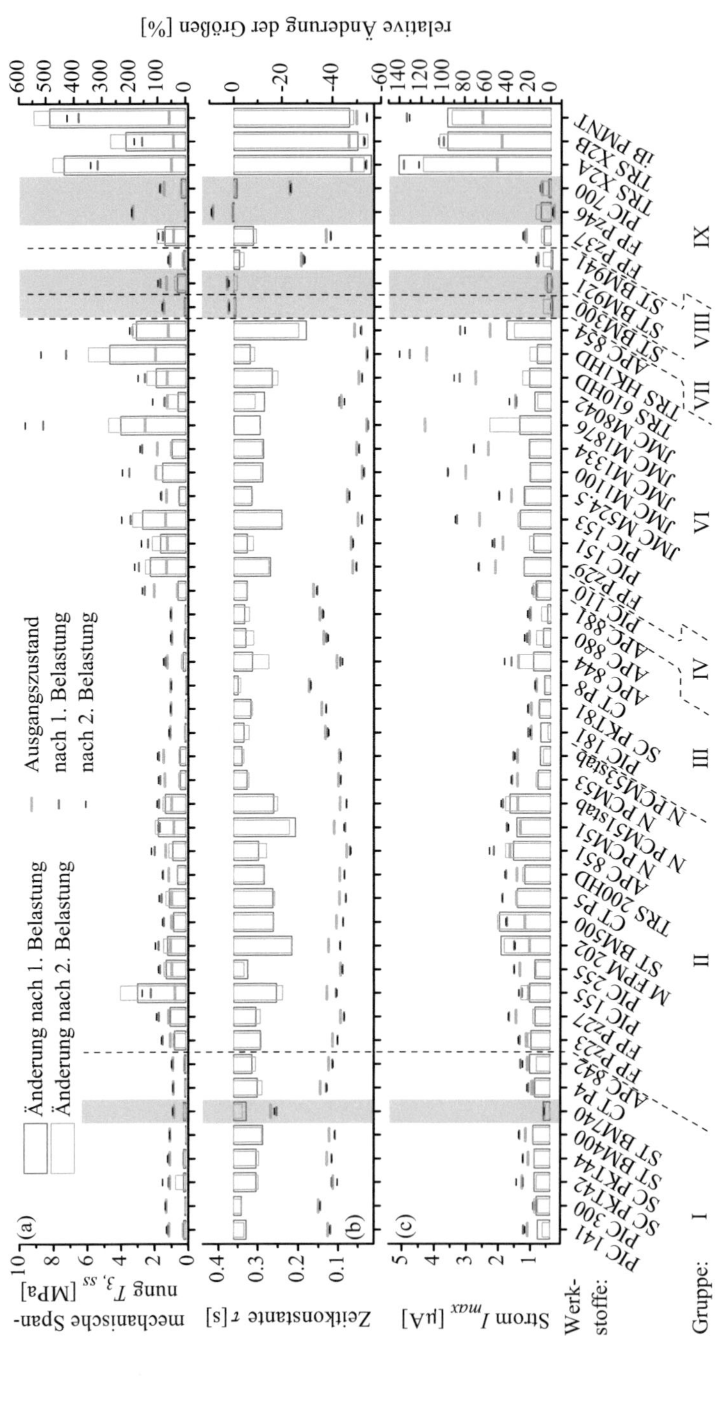

Abb. 5.5: Messergebnisse beim Laden eines Kondensators: (a) mechanische Spannung $T_{3,ss}$, (b) Zeitkonstante τ und (c) maximaler Strom I_{max}, Zielvorgabe: $U_{max} = 10$ V am Speicherkondensator.

Für die ferroelektrisch harten und weichen Werkstoffe der Gruppen I, II, III und VI beträgt die mechanische Spannung im Ausgangszustand ca. 1 MPa, um die Zielvorgabe zu erfüllen. Daher unterscheiden sich die Zeitkonstanten τ und die maximalen Ströme I_{max} nur geringfügig vom vorherigen Abschnitt 5.3.5a. Das gilt auch für die ferroelektrisch harten Werkstoffe der Gruppen I und III bezüglich der Werte nach hoher mechanischer Belastung. Die notwendige Anpassung der mechanischen Belastung, um eine elektrische Spannung von 10 V zu erreichen, betrug weniger als 10%. Eine Ausnahme ist der Werkstoff PKT42 [115].
Die ferroelektrisch weichen Werkstoffe der Gruppen II und VI weisen deutliche Änderungen der Eigenschaften nach hoher mechanischer Belastung auf. Besonders zu erwähnen ist die piezoelektrische Spannungskonstante $g_{33}^{G,KS}$ aus Abschnitt 5.3.2. Somit sind deutlich höhere mechanische Belastungen von teilweise mehr als 300% erforderlich, um eine Spannung $U_{max} = 10$ V zu erreichen (Abbildung 5.5a). Die Zeitkonstanten τ nehmen um bis zu 25% ab, während die maximalen Ströme um bis zu 50% zunehmen.
Die keramischen Werkstoffe der Gruppen IV, VII, VIII und IX können dem Verhalten nach ferroelektrisch weichen bzw. harten Werkstoffen zugeordnet werden. Es gilt die Einteilung gemäß vorherigem Abschnitt 5.3.5a.
Die einkristallinen Werkstoffe der Gruppe IX (X2A und X2B [117] und PMNT [125]) verhalten sich wie ferroelektrisch weiche Werkstoffe. Die Änderungen betragen mehr als 500% für die mechanische Belastung, bis zu 50% für die Zeitkonstante τ und bis zu 100% für den maximalen Strom.
Die Zeitkonstanten τ der Werkstoffe BM740, BM300 und BM941 [65] sowie Pz46 [81] und PIC700 [64] sind so hoch, dass eine Auswertung gemäß Abschnitt 4.4.2 nur ungenaue Ergebnisse lieferte. Die Darstellung der Messdaten erfolgt deshalb nur grau hinterlegt in Abbildung 5.5.

5.4 Großsignalstimulation

Das Messverfahren unter Großsignalstimulation ist in Abschnitt 4.2 erläutert. Es wird der Verlauf der piezoelektrischen Ladungskonstante $d_{33}^{G,GS}$ (bei elektrischem Kurzschluss) oder der piezoelektrischen Spannungskonstante $g_{33}^{G,GS}$ (bei elektrischem Leerlauf) in Abhängigkeit von der Frequenz und der Höhe der mechanischen Belastung gemessen. Die Bestimmung der Anfangswerte, Maximalwerte (inklusive der Angabe der Höhe der wirkenden mechanischen Belastung) und Endwerte als relevante Größen aus den Messdaten erfolgte nach den in Abschnitt 4.4.3 beschriebenen Methoden.

5.4.1 Piezoelektrische Ladungskonstante

Die Abbildung 5.6 zeigt die Ergebnisse der piezoelektrischen Ladungskonstante $d_{33}^{G,GS}$ unter Großsignalbelastung. Die Zahlenwerte sind im Anhang B.4.1 zu finden.

Bei ferroelektrisch harten Werkstoffen der Gruppen I und III steigt die piezoelektrische Ladungskonstante $d_{33}^{G,GS}$ mit zunehmender mechanischer Belastung an und erreicht bis zu 60% (Gruppe I) bzw. bis zu 40% (Gruppe III) höhere Werte. Der Maximalwert und der Endwert sind nahezu identisch, d.h. im Verlauf der piezoelektrischen Ladungskonstante $d_{33}^{G,GS}$ über der mechanischen Belastung tritt kein ausgeprägtes Maximum auf. Daraus ergibt sich, dass für nahezu alle betrachteten harten Werkstoffe das Maximum von $d_{33}^{G,GS}$ bei der höchsten mechanischen Belastung von 70 MPa auftritt. Nur die Werkstoffe PIC300 [64] und 842 [87] weichen davon geringfügig ab und weisen ein sehr flaches, plateauartiges Maximum auf. Die Unterschiede zwischen erster und zweiter Messung nahezu aller betrachteten Werkstoffe betragen weniger als 10%. Ausnahme ist der Werkstoff PKT42 [115] mit geringfügig höheren relativen Änderungen von weniger als 20%.

Ferroelektrisch weiche Werkstoffe der Gruppen II und VI weisen bei der ersten Messung ein deutliches Maximum der piezoelektrischen Ladungskonstante $d_{33}^{G,GS}$ auf. Dies tritt für die meisten der untersuchten Werkstoffe bei einer mechanischen Belastung zwischen 10 MPa und 20 MPa auf. Ausnahmen sind drei Werkstoffe der Gruppe II (BM550 [65], 851 [87] und PCM53 [121]) mit höheren Werten und drei Werkstoffe der Gruppe VI (PIC153 [64], 1876 [120] und HK1HD [117]) mit kleineren Werten. Der Endwert der piezoelektrischen Ladungskonstante $d_{33}^{G,GS}$ ist geringer als der Maximalwert. Teilweise wird sogar das Niveau des Anfangswertes unterschritten.

Die Messwerte der zweiten Messung sind bis zu 80% geringer und unterscheiden sich daher deutlich von den Werten der ersten Messung. Der Verlauf der

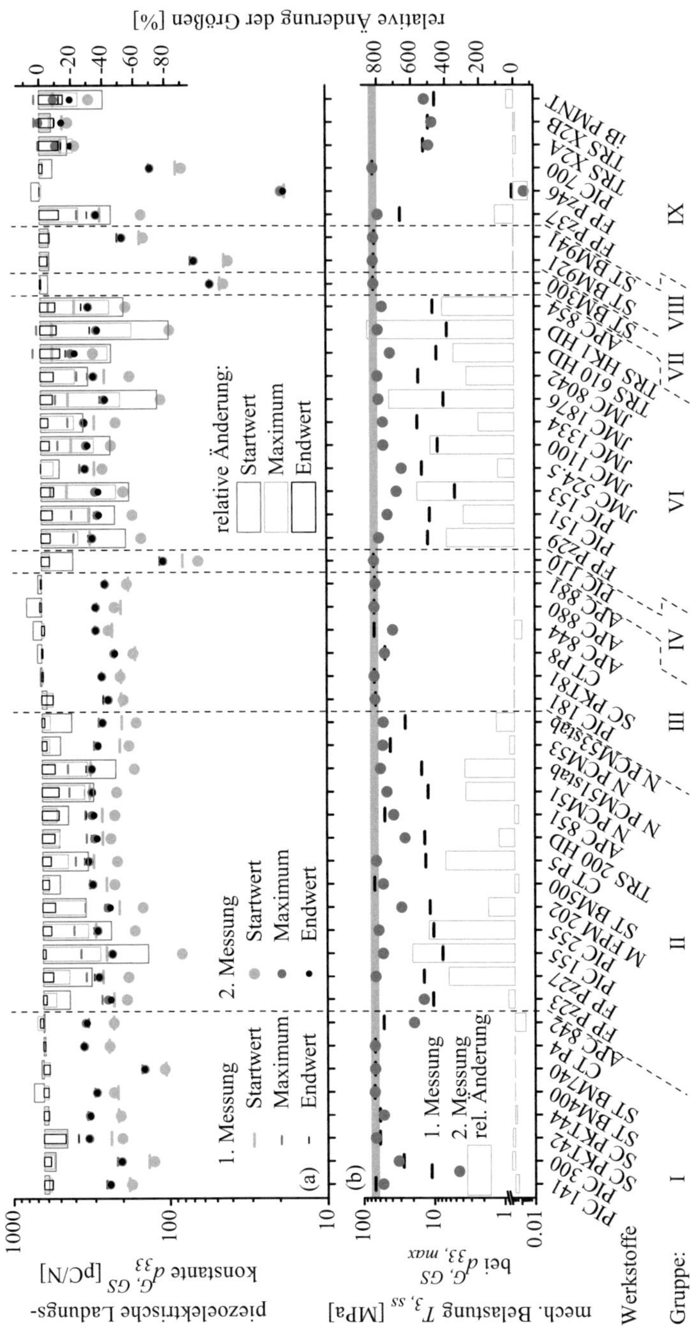

Abb. 5.6: Messergebnisse bei Großsignalstimulation und elektrischem Kurzschluss: (a) piezoelektrische Ladungskonstante $d_{33}^{G,GS}$ und (b) mechanische Belastung T_3 bei $d_{33,max}^{G,GS}$

Tab. 5.4: Zuordnung der ferroelektrischen Eigenschaften der keramischen Werkstoffe. Kriterium: piezoelektrische Ladungskonstante $d_{33}^{G,GS}$.

Gruppe	Werkstoff	Hersteller	Ferroelektrische Eigenschaft
IV	PIC110	[64]	hart
VII	BM300	[65]	hart
VIII	BM921	[65]	hart
	BM941		hart
IX	Pz37	[81]	weich
	Pz46		hart
	PIC700	[64]	hart

piezoelektrischen Ladungskonstante $d_{33}^{G,GS}$ in Abhängigkeit von der mechanischen Belastung weist im zweiten Messdurchlauf kein ausgeprägtes Maximum mehr auf und ist mit dem Verhalten ferroelektrisch harter Werkstoffe vergleichbar, wobei das Maximum nahe der Maximalbelastung auftritt. Interessant ist der Aspekt, dass die Endwerte der piezoelektrischen Ladungskonstante $d_{33}^{G,GS}$ der ersten und zweiten Messung nahezu identisch sind.

Das Verhalten der übrigen keramischen Werkstoffe der anderen Gruppen ist vergleichbar mit ferroelektrisch harten bzw. weichen Werkstoffen. Die Zuordnungen sind in Tabelle 5.4 dargestellt.

Die ferroelektrisch einkristallinen Werkstoffe der Gruppe IX zeigen ein abweichendes Verhalten. Der Verlauf der piezoelektrischen Ladungskonstante $d_{33}^{G,GS}$ ist für beide Messungen gleich. Nur die Anfangs-, Maximal- und Endwerte sind bei der zweiten Messung um bis zu 40% geringer als bei der ersten Messung. Ein deutliches Maximum tritt bei einer mechanischen Belastung zwischen 10 MPa und 20 MPa auf.

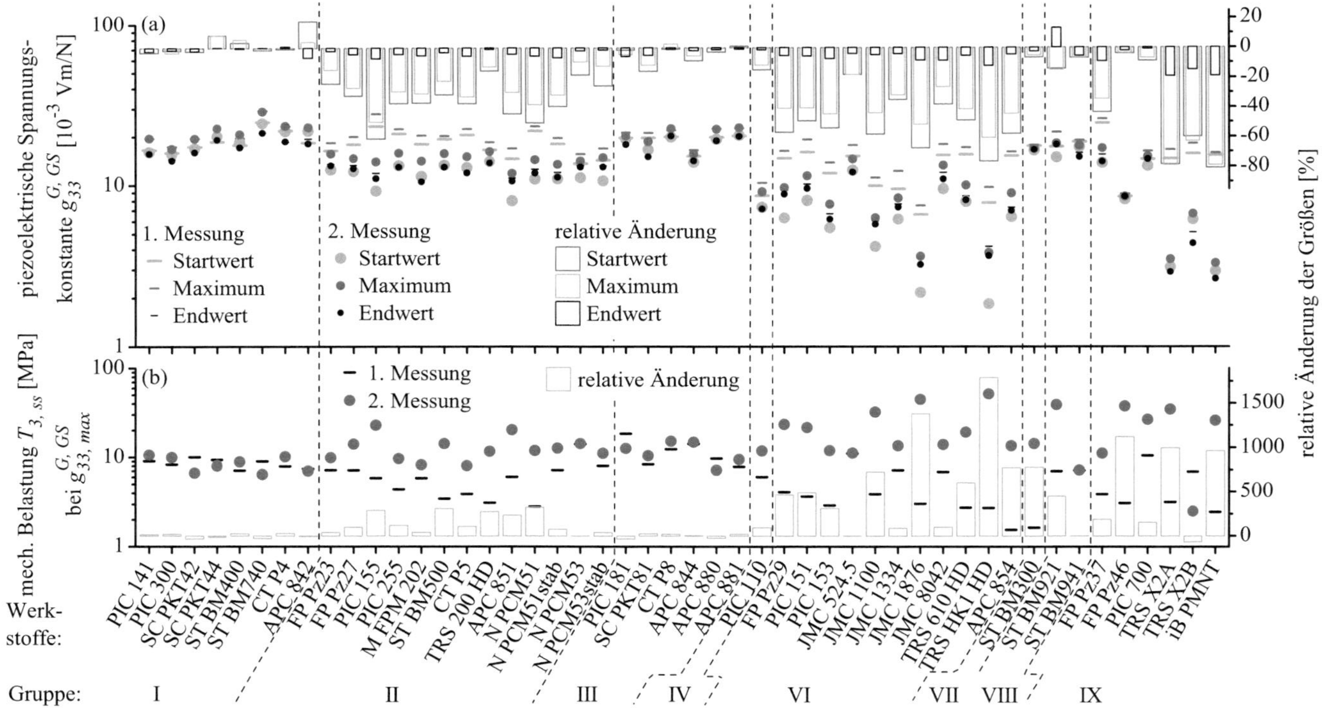

Abb. 5.7: Messergebnisse bei Großsignalstimulation und elektrischem Leerlauf: (a) piezoelektrische Spannungskonstante $g_{33}^{G,GS}$ und (b) mechanische Belastung T_3 bei maximaler piezoelektrischer Spannungskonstante $g_{33}^{G,GS}$

5.4.2 Piezoelektrische Spannungskonstante

Die Abbildung 5.7 zeigt die Messergebnisse für die piezoelektrische Spannungskonstante $g_{33}^{G,GS}$ bei Großsignalbelastung. Die Zahlenwerte sind im Anhang B.4.2 abgelegt.
Im Vergleich zur piezoelektrischen Ladungskonstante $d_{33}^{G,GS}$ unter Großsignalbedingungen (Abschnitt 5.4.1) tritt bei allen Werkstoffen sowie bei der ersten als auch der zweiten Messung ein deutliches Maximum der piezoelektrischen Spannungskonstante $g_{33}^{G,GS}$ auf.
Der Verlauf der piezoelektrischen Spannungskonstante $g_{33}^{G,GS}$ ferroelektrisch harter Werkstoffe der Gruppen I und III zeigt im ersten Bereich einen Anstieg und im zweiten einen Abstieg. Das Maximum tritt bei einer mechanischen Belastung zwischen 6 MPa und 20 MPa auf. Der Endwert liegt teilweise niedriger als der Anfangswert. Erste und zweite Messung sind nahezu identisch. Es treten nur geringe relative Änderungen von weniger als 20% auf.
Der Verlauf der piezoelektrischen Spannungskonstante $g_{33}^{G,GS}$ und der piezoelektrischen Ladungskonstante $d_{33}^{G,GS}$ (Abschnitt 5.4.1) ferroelektrisch weicher Werkstoffe der Gruppen II und VI ist sehr ähnlich. Das gilt auch für die Werkstoffe der Gruppen IV, VII, IV und IX unter Berücksichtigung der Zuordnung aus Abschnitt 5.4.1. Abweichend kann festgestellt werden, dass bei der ersten Messung die Endwerte deutlich niedriger als die Anfangswerte liegen und dass die Maxima bei deutlich niedrigeren mechanischen Belastungen auftreten.
Für die einkristallinen ferroelektrischen Werkstoffe der Gruppe IX sowie die Werkstoffe 1876 [120] und HK1HD [117] der Gruppe VI fällt im Vergleich zwischen erster und zweiter Messung eine deutliche Änderung der Anfangs- und Maximalwerte auf.

Kapitel 6

Diskussion

Kommerzielle piezoelektrische Werkstoffe weisen sehr unterschiedliche Eigenschaften auf. Deshalb sollen die Werkstoffe, die ähnliche Kennwerte bezüglich Nachgiebigkeit s_{33}^{E}, relativer Permittivität $\epsilon_{33}^{T}/\epsilon_0$ und piezoelektrischer Ladungskonstante d_{33} aufweisen, gruppenweise charakterisiert werden. Innerhalb dieser Gruppen lassen sich zum einen mittlere Werkstoffeigenschaften ableiten und zum anderen die linearen Zusammenhänge zwischen den Kenngrößen betrachten. An Hand der linearen piezoelektrischen Verkoppelungsgleichungen kann dann der Einfluss der einzelnen Werkstoffeigenschaften auf die generatorischen Fähigkeiten abgeleitet werden.

Ein anderer wichtiger Aspekt für die Anwendung piezoelektrischer Werkstoffe für Generatoren sind die belastungsabhängigen Änderungen der Eigenschaften, insbesondere die Steigerung der elektromechanischen Aktivität bei ferroelektrisch harten und die Degradation bei ferroelektrisch weichen Werkstoffen. Das Ziel ist hier, wesentliche Erkenntnisse bezüglich der Werkstoffauswahl für piezoelektrische Generatoren abzuleiten.

Die Leistungsfähigkeit piezoelektrischer Generatorsysteme bestimmt sich neben den Eigenschaften des Wandlerwerkstoffs auch aus dessen optimaler Integration im System. Hier werden technologische Aspekte sowie das Verhalten bei Wechsellast, das Gleichspannungsverhalten und die Energieanpassung diskutiert. Das ist für die Entwicklung piezoelektrischer Generatoren von Vorteil.

6.1 Einteilung piezoelektrischer Werkstoffe

Die Abbildung 6.1 zeigt die Einteilung kommerziell verfügbarer piezoelektrischer Werkstoffe (siehe Anhang A) im Hinblick auf die Kenngrößen Nachgiebigkeit s_{33}^E, relative Permittivität $\epsilon_{33}^T/\epsilon_0$ und piezoelektrischer Ladungskonstante d_{33}. Die Eingruppierung erfolgte gemäß Abschnitt 3.4. Auffällig ist, dass sich in den Gruppen I bis VIII relativ klare Grenzen zwischen den Werkstoffen gleicher Gruppenzugehörigkeit ausbilden. Für die einzelnen Gruppen I bis VIII werden arithmetische Mittelwerte berechnet

$$\overline{x}_{arithm} = \frac{1}{n}\sum_{i=1}^{n} x_i\,, \tag{6.1}$$

die als Lageparameter dienen, um mittlere Werkstoffkenndaten abzuleiten. Die Variable x steht dabei für die entsprechende Werkstoffkenngröße s_{33}^E, $\epsilon_{33}^T/\epsilon_0$ bzw. d_{33}. Für die Entwicklung von piezoelektrischen Generatoren sind diese Mittelwerte

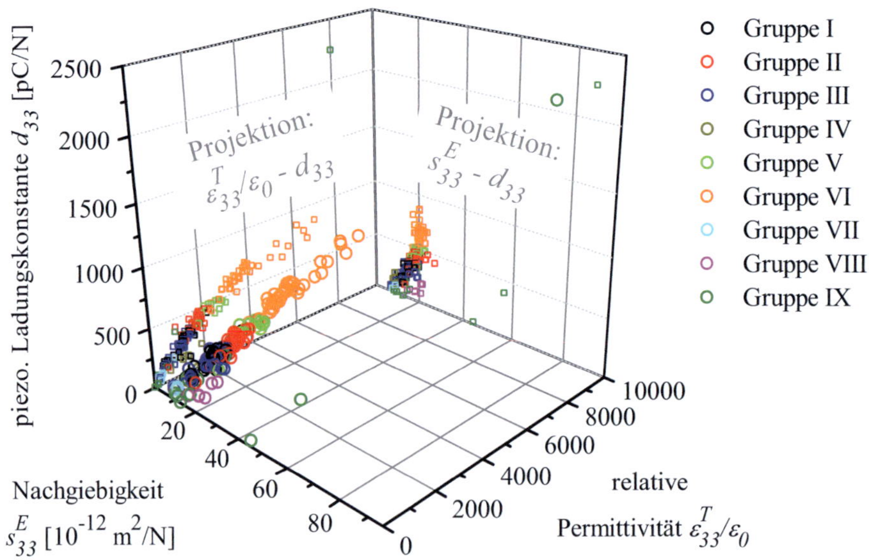

Abb. 6.1: Einteilung der piezoelektrischen Werkstoffe aus Anhang A in Gruppen. Die Einteilung erfolgte im Hinblick auf die Kenngrößen Nachgiebigkeit s_{33}^E, relative Permittivität $\epsilon_{33}^T/\epsilon_0$ und piezoelektrische Ladungskonstante d_{33}. Jeder Punkt repräsentiert einen Werkstoff.

vorteilhaft, da so in der Anfangsphase nur wenige repräsentative Werkstoffe betrachtet werden müssen.

Ein weiterer Aspekt ist die in erster Näherung lineare Abhängigkeit zwischen den drei Werkstoffeigenschaften. Das fällt besonders bei der Projektion der Kurven in Abbildung 6.1 auf die Aufrissebene auf. Zur Berechnung der 3D-Regressionsgeraden dient die Methode aus [134]. Als Ergebnis steht die Punktrichtungsgleichung $\overrightarrow{r} = \left(r_{s_{33}^E}, r_{\epsilon_{33}^T/\epsilon_0}, r_{d_{33}}\right)^\top$:

$$\overrightarrow{r} = \overrightarrow{n} + t \cdot \overrightarrow{m} \tag{6.2}$$

mit dem Ortsverktor $\overrightarrow{n} = \left(n_{s_{33}^E}, n_{\epsilon_{33}^T/\epsilon_0}, n_{d_{33}}\right)^\top$ und dem Richtungsvektor $\overrightarrow{m} = \left(m_{s_{33}^E}, m_{\epsilon_{33}^T\epsilon_0}, m_{d_{33}}\right)^\top$ zur Verfügung. Hierbei gilt es zu beachten, dass die Komponenten der Vektoren Maßeinheiten aufweisen (Tabelle 6.1). Sinnvollerweise wählt man einen Ortsvektor $\overrightarrow{n}$ der in die Nähe der mittleren Werkstoffeigenschaften zeigt. Die Werkstoffkennwerte (Anhang A) definieren den Gültigkeitsbereich des Parameters t.

Die relativ deutliche lineare Abhängigkeit zwischen den drei Werkstoffeigenschaften ergibt sich aus der Beweglichkeit der Ionen im Ionenkristall. Diese ist durch Dotierung und durch gezieltes Einstellen verschiedener Phasen (morphotroper Phasenkoexistenzbereich) [66] beeinflussbar. Änderungen der Phasen bzw. Dotierungen führen zu einer anderen Polarisierbarkeit, Deformierbarkeit und Änderung der Polarisation infolge mechanischer Belastungen. Diese Eigenschaften werden durch die relative Permittivität $\epsilon_{33}^T/\epsilon_0$, die Nachgiebigkeit s_{33}^E und die piezoelektrische Ladungskonstante d_{33} beschrieben. Trotz Überlagerung von linearen Effekten aus der Elementarzelle (Abschnitt 3.2.1) und nichtlinearen Effekten aus Umorientierungen (Abschnitt 3.2.2) in ferroelektischen Keramiken ergibt sich eine näherungsweise lineare Abhängigkeit.

Der Zusammenhang zwischen der relativen Permittivität $\epsilon_{33}^T/\epsilon_0$ und der piezoelektrischen Ladungskonstante d_{33} hat gemäß Gleichung (3.17) zur Folge, dass die piezoelektrischen Spannungskonstante g_{33} nur einen sehr begrenzten Wertebereich aufweist. So ist in [20] gezeigt, dass die piezoelektrische Ladungskonstante d_{33} Werte aus einem Bereich von drei Zehnerpotenzen, d.h. von 2,3 pC/N bis 2250 pC/N, aufweist, während die Werte der piezoelektrischen Spannungskonstanten g_{33} nur eine Zehnerpotenz, d.h. von $3{,}1\cdot10^{-3}$Vm/N bis $55{,}4\cdot10^{-3}$Vm/N, überstreicht. Die Messungen in Abschnitt 5.3 bestätigen dieses Ergebnis.

Abweichungen von diesen klar korrelierten Zusammenhängen ergeben sich aus hersteller- und werkstoffspezifischen Besonderheiten. Als Beispiel sei Pz37 [81] (Gruppe IX) mit einer sehr niedrigen relativen Permittivität $\epsilon_{33}^{T}/\epsilon_0 = 915$ und einer sehr hohen piezoelektrischen Ladungskonstante $d_{33} = 391$ pC/N erwähnt. Diese interessante Eigenschaftspaarung wird in diesem Fall durch eine hohen Porosität erreicht [135]. Aus diesem Grund wurde Pz37 auch in die Gruppe IX Sonderwerkstoffe eingeteilt.

Die Nutzung der linearen Zusammenhänge zwischen den drei Werkstoffparametern in den Gruppen I bis VIII erweist sich für die rechnergestützte Optimierung von piezoelektrischen Generatorsystemen von großem Vorteil. Allerdings zeigt die Abbildung 6.1 auch, dass eine gezielte individuelle Einstellung einzelner Werkstoffeigenschaften wegen der physikalisch begründeten Korrelation nur sehr begrenzt möglich ist.

6.1.1 Werkstoffe der Gruppen I, II, III, V und VI

Die Abbildung 6.2 zeigt den Vergleich der Werkstoffe auf Basis von Blei-Zirkonat-Titanat (PZT) der Gruppen I, II, III, V und VI. Die mittleren Klassenwerte gemäß Gleichung (6.1) sind als Ankerlinie zu den Projektionen dargestellt und in Tabelle 6.1 aufgelistet. Diese unterscheiden sich nur unwesentlich von den von Berlincourt [89] festgelegten Werkstoffgruppen. Die Komponenten der Vektoren der Punktrichtungsgleichung (6.2) und der Gültigkeitsbereich des Parameters t für die Regressionsgeraden der einzelnen Gruppen sind ebenso in Tabelle 6.1 aufgeführt.

Die betrachteten Eigenschaften der ferroelektrisch harten Werkstoffe (Gruppen I und III) sind nahezu identisch. Die Abweichungen der Mittelwerte betragen weniger als 10% und die 3D-Regressionsgeraden sind nahezu deckungsgleich. Dass die Werkstoffe trotzdem gemäß [113] und [114] eingeteilt werden, ergibt sich aus der hier nicht betrachteten mechanischen Schwinggüte Q_{mech}, die allerdings für piezoelektrische Generatoren nur eine untergeordnete Rolle spielt. Deshalb werden diese beiden Werkstoffgruppen hier zusammengefasst.

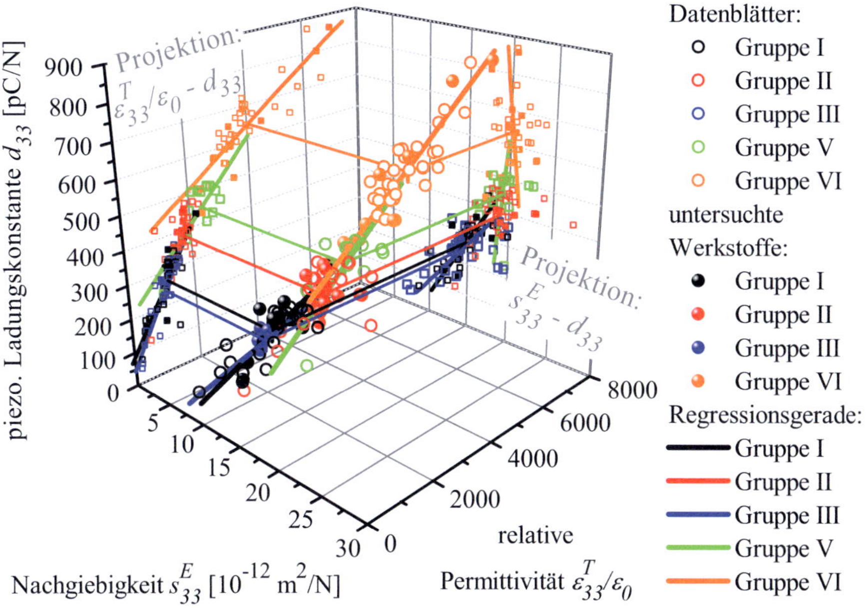

Abb. 6.2: Einteilung der Werkstoffe der Gruppen I, II, III, V und VI nach den Kenngrößen Nachgiebigkeit s_{33}^{E}, relative Permittivität $\epsilon_{33}^{T}/\epsilon_0$ und piezoelektrische Ladungskonstante d_{33}.

Die Werkstoffe der Gruppe II, V und VI weisen untereinander unterschiedliche Eigenschaften auf. Das zeigt sich besonders an den Mittelwerten und der Lage der jeweiligen Regressionsgeraden zueinander (Tabelle 6.1). Der Grund dafür ist die unterschiedliche Zusammensetzung der Werkstoffe. Die Basis ist zwar immer PZT, aber die Werkstoffe der Gruppen V und VI besitzen eine teilweise erhebliche Beimischung von Bleimagnesiumniobat (PMN) [136]. Das führt zu einer prinzipiell anderen Werkstoffeigenschaft, die als relaxorbasiertes, ferroelektrisches Verhalten[1] bezeichnet wird [139].

Die Werkstoffe der Gruppe V liegen im Übergangsbereich zwischen den Werkstoffen der Gruppen II und VI. Die in [113] und [114] ausschlaggebenden Kennwerte

[1] Das Wort Relaxor ergibt sich aus den beiden Worten (dielektrische) *Relax*ation sowie (ferroelektrische) *R*esponse (engl. Antwort) [137] und beschreibt die feldinduzierte Phasenumwandlung in bestimmten ferroelektrischen Werkstoffen [138].

Tab. 6.1: Mittlere Werkstoffkennwerte und Kennwerte nach Berlincourt [89] sowie Ortsvektoren $\vec{n}$, Richtungsvektoren $\vec{m}$ und Gültigkeitsbereich des Parameters t der Punktrichtungsgleichung (6.2) für Werkstoffe auf Basis von PZT.

Gruppe	Mittlere Werkstoffkennwerte			Werkstoffe nach Berlincourt [89]			
	s_{33}^E [10^{-12} m^2/N]	$\epsilon_{33}^T/\epsilon_0$	d_{33} [pC/N]	s_{33}^E [10^{-12} m^2/N]	$\epsilon_{33}^T/\epsilon_0$	d_{33} [pC/N]	Bezeichnung
I	14,8	1182	270	15,5	1300	289	PZT4
II	19,1	1743	393	18,8	1700	374	PZT5A
III	14,4	1068	246	14,2	1200	265	PZT8
V	19.2	2340	451				
VI	20.2	4129	642	20,7	3400	593	PZT5H

Gruppe	Ortsvektor $\vec{n}$			Richtungsvektor $\vec{m}$			Parameter t	
	n_x [10^{-12} m^2/N]	n_y	n_z [pC/N]	m_x [10^{-12} m^2/N]	m_y	m_z [pC/N]	t_{min}	t_{max}
I	14,9	1182	271	$3,65 \cdot 10^{-03}$	0,99	0,159	-987	1031
II	19,0	1719	389	$7,71 \cdot 10^{-04}$	0,99	0,147	-1196	598
III	14,4	1068	245	$5,62 \cdot 10^{-03}$	0,98	0,183	-905	545
V	19,2	2341	441	$4,18 \cdot 10^{-04}$	0,99	0,102	-1325	673
VI	20,2	4102	640	$-2,72 \cdot 10^{-04}$	1,00	0,066	-1712	2907

mechanische Schwinggüte Q_{mech} und Curietemperatur T_C sind hier allerdings nicht relevant. Für die Betrachtung von piezoelektrischen Generatoren ist die vorgenommene Einteilung in die Gruppen II, V und VI nicht zwingend, so dass die Werkstoffe der Gruppe V entweder der Gruppe II oder der Gruppe VI zugeordnet werden können.

Insgesamt betrachtet lassen sich PZT-basierte Werkstoffe für Generatoranwendungen, bei denen die Schwinggüte Q_{mech} und die Curietemperatur T_C keine Rolle spielen, in drei Gruppen einteilen (I/III, II, VI). Das erleichtert den Entwicklungsprozess für piezoelektrische Generatoren erheblich, da nur jeweils ein typischer Vertreter dieser Gruppen in der Konzept- bzw. Optimierungsphase berücksichtigt werden muss.

6.1.2 Werkstoffe der Gruppen IV, VII und VIII

Die Abbildung 6.3a zeigt die Werkstoffe auf Basis von Bariumtitanat (Gruppe IV), Bleititanat (Gruppe VII) und Bleimetaniobat (Gruppe VIII). Im Vergleich zu den Werkstoffen aus Abschnitt 6.1.1 sind die relativen Permittivitäten $\epsilon_{33}^T/\epsilon_0$ und die piezoelektrischen Ladungskonstanten d_{33} deutlich kleiner, während die Werte für die Nachgiebigkeit s_{33}^E ähnlich groß sind. Diese Werkstoffe besitzen z.B. eine geringe Dichte, die für Ultraschallanwendungen vorteilhaft, hier aber nicht relevant ist.

Die lineare Abhängigkeiten zwischen der Nachgiebigkeit s_{33}^E, der relativen Permittivität $\epsilon_{33}^T/\epsilon_0$ und der piezoelektrischen Ladungskonstante d_{33} sind trotz der weniger umfangreichen Datenbasis deutlich erkennbar. In Tabelle 6.2 sind die mittleren Werkstoffeigenschaften und die Komponenten der Vektoren der Punktrichtungsgleichung (6.2) aufgeführt. Bleititanat (Gruppe VII) zeigt dabei leicht ein abweichendes Verhalten. Mit steigender piezoelektrischer Ladungskonstante d_{33} nimmt die relative Permittivität $\epsilon_{33}^T/\epsilon_0$ ab. Der Grund für diesen Effekt ist bisher ungeklärt. Möglicherweise hängt das mit der extremen Gitterverzerrung im PT zusammen [76].

Tab. 6.2: Mittlere Werkstoffkennwerte und Kennwerte nach Berlincourt [89] sowie Ortsvektoren $\overrightarrow{n}$, Richtungsvektoren $\overrightarrow{m}$ und Gültigkeitsbereich Parameter t der Punktrichtungsgleichung (6.2) für Werkstoffe auf Basis von BT, PT und PN.

	mittlere Werkstoffkennwerte			Werkstoffe nach Berlincourt [89]			
Gruppe	s_{33}^{E} [10^{-12} m^2/N]	$\epsilon_{33}^{T}/\epsilon_0$	d_{33} [pC/N]	s_{33}^{E} [10^{-12} m^2/N]	$\epsilon_{33}^{T}/\epsilon_0$	d_{33} [pC/N]	Bezeichnung
IV	8.8	1203	136	9,1	1200	149	Ceramic B
VII	8.2	217	57				
VIII	17.5	364	103				

	Ortsvektor $\overrightarrow{n}$			Richtungsvektor $\overrightarrow{m}$			Parameter t	
Gruppe	n_x [10^{-12} m^2/N]	n_y	n_z [pC/N]	m_x [10^{-12} m^2/N]	m_y	m_z [pC/N]	t_{min}	t_{max}
IV	8.8	1203	134	$-1.81 \cdot 10^{-05}$	1.00	0.085	-580	700
VII	8.2	217	57	$-1.99 \cdot 10^{-02}$	0.75	-0.665	5	16
VIII	17.2	365	101	$1.42 \cdot 10^{-02}$	0.98	0.208	-204	442

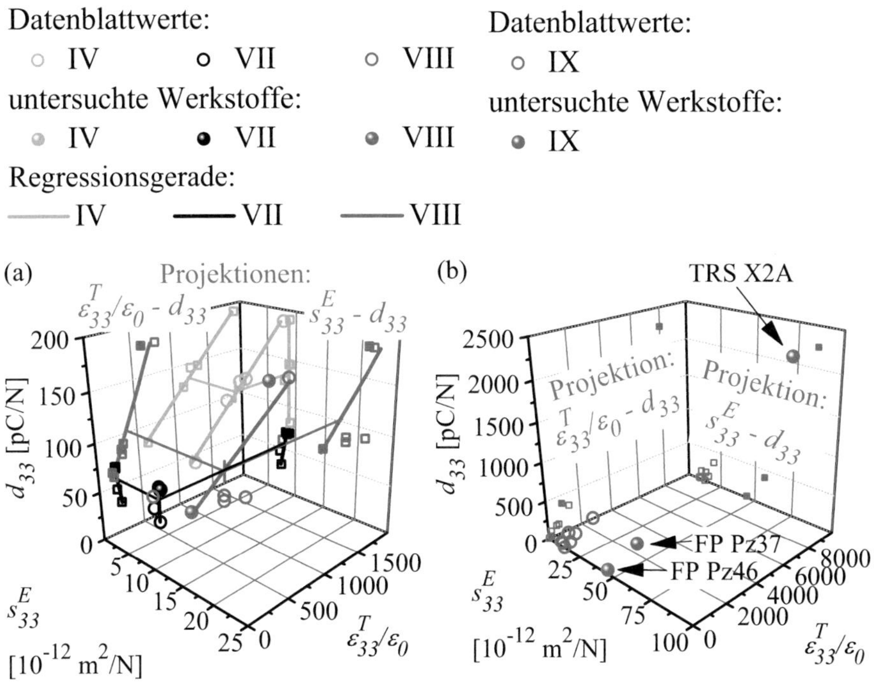

Abb. 6.3: Einteilung der Werkstoffe (a) der Gruppen IV, VII, VIII und (b) der Gruppe IX nach den Kenngrößen Nachgiebigkeit s_{33}^E, relative Permittivität $\epsilon_{33}^T/\epsilon_0$ und piezoelektrische Ladungskonstante d_{33}

Die Werkstoffe der Gruppen IV, VII und VIII sind für piezoelektrische Generatoranwendungen weniger interessant, da Werkstoffe aus den Gruppen I/III, II und VI deutlich bessere Eigenschaften aufweisen.

6.1.3 Sonderwerkstoffe der Gruppe IX

In der Gruppe IX sind die Werkstoffe zusammengefasst, die keiner der Gruppen I bis VIII zugeordnet werden konnten. Dazu zählen u.a. bleifreie Werkstoffe wie Wismuttitanat Pz46 [81], Wismutnatriumtitanat-Bariumtitanat (BNT-BT) PIC700 [64] und Kaliumnatriumniobat (KNN) [140] sowie relaxorbasierte ferroelektrische Einkristalle, z.B X2A [117] auf Basis von Bleimagnesiumniobat-Bleititanat (PMN-PT). Wie bereits in Abschnitt 6.1 erwähnt, ist hier auch der PZT-basierte Werkstoff

Pz37 [81] aufgenommen worden, da sich aufgrund der sehr hohen Porosität ein deutlich abweichendes Eigenschaftsprofil einstellt.

Wegen der unterschiedlichen Zusammensetzung der Werkstoffe ist hier die Berechnung mittlerer Werkstoffkennwerte und linearer Regressionsgeraden physikalisch nicht sinnvoll.

Besonders interessant in der Gruppe IX sind die ferroelektrischen Einkristalle, da diese eine sehr hohe elektromechanische Kopplung aufweisen.

6.2 Generatorisches Werkstoffverhalten

Bei Änderungen des Deformationszustandes infolge äußerer mechanischer Lasten reagiert ein piezoelektrischer Werkstoff mit einer Änderung der auf den Oberflächen gebundenen Kompensationsladungen (Abschnitt 3.2). Die Gleichung (3.10) beschreibt das linearisierte Werkstoffverhalten, wobei hier vereinfachend die Wirkrichtungen der Felder und die richtungsabhängigen Werkstoffeigenschaften unberücksichtigt bleiben. Für die zahlenmäßigen Berechnungen wird angenommen, dass die Polungsrichtung sowie die mechanische und elektrische Wirkrichtung parallel sind. Somit wirken die Werkstoffkonstanten d_{33}, s_{33}^{E} und ϵ_{33}^{T}.

Grundvoraussetzung für die elektrische Energie- bzw. Leistungsabgabe am Generator ist ein Stromfluss bei auftretender elektrischer Spannung. Am piezoelektrischen Werkstoff treten in diesem Fall gleichzeitig eine dielektrische Flussdichte D^{G} und eine elektrische Feldstärke E^{G} auf. Beide müssen von Null verschieden sein und durch die äußere elektrische Randbedingung

$$D^{G} = \epsilon^{Last} \cdot E^{G} \tag{6.3}$$

sind sie voneinander abhängig. Mit dieser Randbedingung und der Berücksichtigung der mechanischen Erregergröße (mechanische Spannung T^{G} oder Dehnung S^{G}) wird das Gleichungssystem (3.10) lösbar. Die Variable ϵ^{Last} entspricht technisch einer zum piezoelektrischen Generator parallelgeschalteten elektrischen Kapazität.

6.2.1 Erregung mit aufgeprägter mechanischer Spannung

Aufgeprägte mechanische Spannungen als Erregergröße (Index TEG) führen mit den Gleichungen (3.10) und (6.3) zu einer elektrischen Feldstärke

$$E^{TEG} = \frac{d}{\epsilon^{Last} + \epsilon^{T}} \cdot T^{G} \tag{6.4}$$

und einer elektrischen Flussdichte

$$D^{TEG} = \frac{d}{1 + \frac{\epsilon^{T}}{\epsilon^{Last}}} \cdot T^{G} \tag{6.5}$$

(Abbildung 6.4). Für sehr kleine Verhältnisse $\epsilon^{Last}/\epsilon^{T} \ll 1$ stellt sich ein elektrisches Feld von

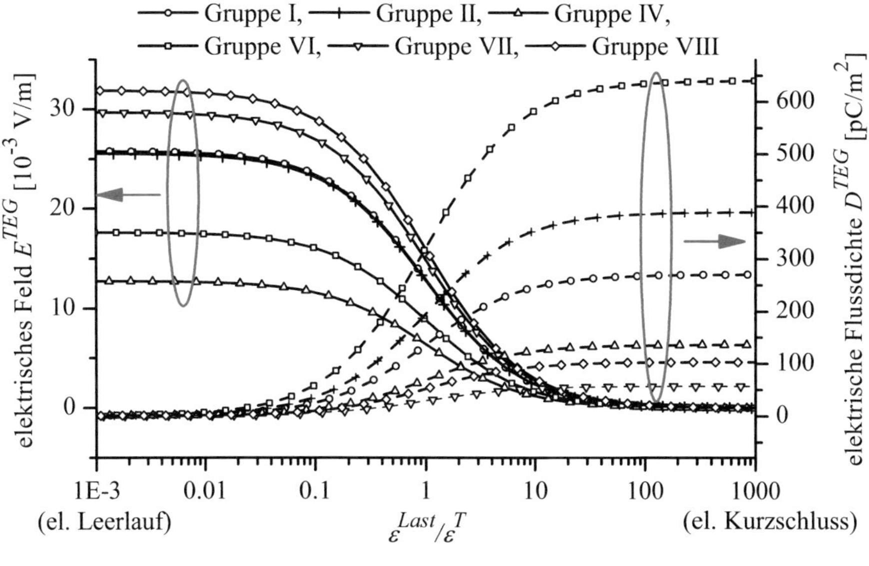

Abb. 6.4: Elektrisches Feld E_3^{TEG} und dielektrische Flussdichte D_3^{TEG} piezoelektrischer Generatorwerkstoffe bei aufgeprägter mechanischer Spannung $T_3^G = 1$ Pa unter Berücksichtigung der mittleren Werkstoffkennwerte aus Abschnitt 6.1.

$$E^{TEG,l} = \frac{d}{\epsilon^T} \cdot T^G = g^T \cdot T^G \tag{6.6}$$

ein, während die elektrische Flussdichte $D^{TEG,l}$ gegen Null geht. Technisch gesehen liegt ein elektrischer Leerlauf vor.

Erwartungsgemäß bestimmt die piezoelektrische Spannungskonstante g^T die Höhe des elektrischen Feldes. Als Beispiele können zum Beispiel PIC155 [64] und Pz37 [81] und die Werkstoffe aus den Gruppen VII und VIII genannt werden (Abschnitt 5.3.2). Letztere sind aber für piezoelektrische Generatoren wenig interessant (Abschnitt 6.1.2).

Im Gegenzug erzwingt ein Verhältnis $\epsilon^{Last}/\epsilon^T \gg 1$ einen elektrischen Kurzschluss und somit eine elektrische Flussdichte von

$$D^{TEG,k} = d \cdot T^G. \tag{6.7}$$

In diesem Fall ist das elektrische Feld $E^{TEG,k}$ nahezu Null. Erwartungsgemäß bestimmt hier die piezoelektrische Ladungskonstante d die Höhe der elektrischen Flussdichte. Werkstoffe mit sehr hohen Kennwerten sind in der Gruppe VI, z.B. M1876 [120] und HK1HD [117], zu finden (Abschnitt 5.3.1).

Die abgegebene elektrische Energiedichte $W^{TEG}_{el,abgeg.}$ berechnet sich aus den Gleichungen (6.4) und (6.5):

$$W^{TEG}_{el,abgeg.} = \frac{1}{2} \cdot E^{TEG} \cdot D^{TEG} = \frac{1}{2} \cdot \frac{d^2}{\epsilon^{Last} \cdot \left(1 + \frac{\epsilon^T}{\epsilon^{Last}}\right)^2} \cdot \left(T^G\right)^2 \tag{6.8}$$

und weist ein ausgeprägtes Maximum bei $\epsilon^{Last}/\epsilon^T = 1$ auf (Abbildung 6.5). In diesem Fall liegt eine energetische Anpassung vor. Die Gleichung (6.8) wird zu:

$$W^{TEG,max}_{el,abgeg.} = \frac{1}{8} \cdot \frac{d^2}{\epsilon^T} \cdot \left(T^G\right)^2 = \frac{1}{8} \cdot \frac{1}{w^T_{el}} \cdot \left(T^G\right)^2. \tag{6.9}$$

Erwartungsgemäß bestimmt entsprechend Gleichung (3.12) die piezoelektrische Energiedichtekonstante $1/w^T_{el}$ maßgeblich das Energieübertragungsverhalten des piezoelektrischen Werkstoffes. Werkstoffe mit hoher piezoelektrischer Energiedichtekonstanten $1/w^T_{el}$ sind in der Gruppe II, z.B. PIC155 [64], und in der Gruppe VI, z.B. M1876 [120] und HK1HD [117], zu finden (Abschnitt 5.3.3).

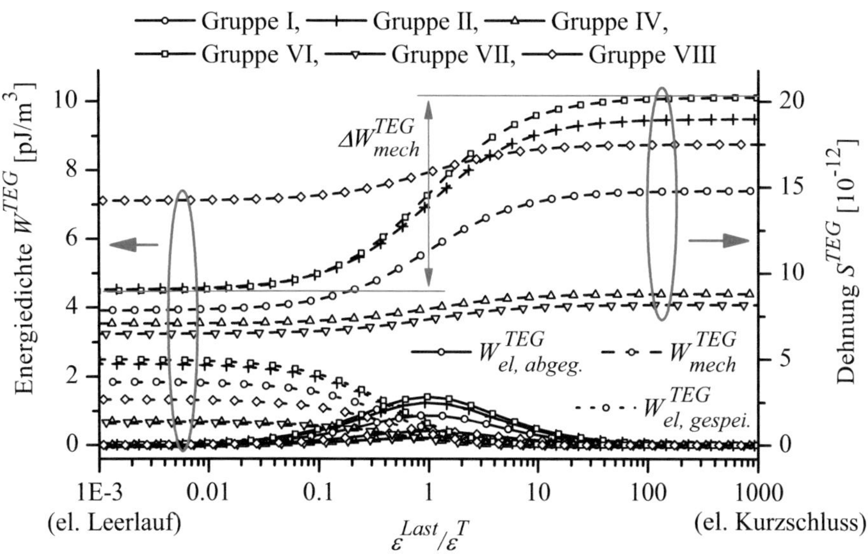

Abb. 6.5: Energiedichten W^{TEG} und mechanische Dehnungen S^{TEG} am piezoelektrischen Generatorwerkstoff bei aufgeprägter mechanischer Spannung $T_3^G = 1$ Pa.

Ein Teil der erzeugten elektrischen Energiedichte wird im piezoelektrischen Element gespeichert und erzeugt dort eine aktorische Rückwirkung auf den mechanischen Energieeintrag. Gleichung (3.10) ergibt für eine mechanisch festgebremste Probe, d.h. $S = 0$:

$$D = \epsilon^S \cdot E. \tag{6.10}$$

Dies entspricht dem reinen dielektrischen Anteil der Ladungsspeicherung in piezoelektrischen Werkstoffen. Praktisch ist dieser Zustand aber nicht realisierbar. Die Gleichung (3.10) ergibt die gespeicherte elektrische Energiedichte $W^{TEG}_{el,gespei.}$:

$$W^{TEG}_{el,gespei.} = \frac{1}{2} \cdot \epsilon^S \cdot \left(E^{TEG}\right)^2 = \frac{1}{2} \cdot \epsilon^S \cdot \left(\frac{d}{\epsilon^{Last} + \epsilon^T}\right)^2 \cdot \left(T^G\right)^2, \tag{6.11}$$

mit einem Maximum bei elektrischem Leerlauf, d.h. bei $\epsilon_{Last}/\epsilon_T \ll 1$ (Abbildung 6.5).

Mit der Dehnung

$$S^{TEG} = \left(s^{E} - \frac{d^2}{\epsilon^{Last} + \epsilon^{T}} \right) \cdot T^{G} \tag{6.12}$$

wird die eingespeiste mechanische Energiedichte

$$W_{mech}^{TEG} = \frac{1}{2} \cdot S^{TEG} \cdot T^{G} = \frac{1}{2} \cdot \left(s^{E} - \frac{d^2}{\epsilon^{Last} + \epsilon^{T}} \right) \cdot \left(T^{G} \right)^2 \tag{6.13}$$

berechnet. Die Abbildung 6.5 zeigt sehr deutlich, dass ferroelektrische weiche Werkstoffe aus den Gruppen II und VI die höchste, während die ferroelektrisch harten Werkstoffe (Gruppen I bzw. III) nur eine mittlere Energieumwandlung ermöglichen. Die Werkstoffe der Gruppen IV, VII undVIII weisen nur ein sehr geringes Energiewandlungsvermögen aus und sind daher für piezoelektrische Generatoren weniger geeignet.

Aus Abbildung 6.5 ergibt sich noch ein weiteres Charakteristikum piezoelektrischer Werkstoffe. Mit zunehmender elektrischer Flussdichte D^{TEG} nimmt das generierte elektrische Feld E^{TEG} ab (Abbildung 6.4). Im gleichen Maße wird der piezoelektrische Werkstoff weicher, erkennbar an der zunehmenden Dehnung S^{TEG} (Abbildung 6.5), weil durch das fehlende elektrische Feld die aktorische Rückwirkung ausbleibt. Das führt zwangsläufig zu einer Erhöhung der mechanischen Energiedichte W_{mech}^{TEG}. Die Änderung ΔW_{mech}^{TEG}, d.h. die Differenz aus Kurzschlussenergiedichte $W_{mech}^{TEG,k}$ und Leerlaufenergiedichte $w_{mech}^{TEG,l}$, entspricht der Summe aus der gespeicherten elektrischen Kurzschlussenergiedichte $W_{el}^{TEG,k}$ und deren aktorischer Rückwirkung $W_{mech,Rück}^{TEG,k}$:

$$\Delta W_{mech}^{TEG} = W_{mech}^{TEG,k} - W_{mech}^{TEG,l} = W_{el,gespei.}^{TEG,k} + W_{mech,Rück}^{TEG,k} = \frac{W_{el,gespei.}^{TEG,k}}{(1-k^2)} \tag{6.14}$$

mit

$$W_{el,gespei.}^{TEG,k} = \left(1 - k^2\right) \cdot \Delta W_{mech}^{TEG} \tag{6.15}$$

und

$$W_{mech,Rück}^{TEG,k} = k^2 \cdot \Delta W_{mech}^{TEG}. \tag{6.16}$$

Das erzeugte elektrische Feld E^{TEG} verhindert durch die aktorische Rückwirkung teilweise den mechanischen Energieeintrag in die piezoelektrischen Generatoren.

Die Abbildung 6.6 zeigt die mit den Gleichungen (3.1) und (3.3) sowie (6.8), (6.11) und (6.13) berechneten Verläufe für den Koppelfaktor $\left(k_{33}^{TEG}\right)^2$ und den Wirkungsgrad η^{TEG} piezoelektrischer Werkstoffe. Bei elektrischem Leerlauf ($\epsilon_{Last}/\epsilon_T \ll 1$) ergibt sich ein Maximum des Koppelfakors k^2. Bei Werkstoffen der Gruppen II und VI ist der Anteil an umgewandelter, gespeicherter elektrischer Energie größer als der mechanisch gespeicherte Anteil an Energie. Das ist auch in Abbildung 6.5 erkennbar, da $W_{el,gespei.}^{TEG,l}$ größer ist als $\frac{1}{2}W_{mech}^{TEG,l}$.

Für den Wirkungsgrad η ergibt sich ein Maximum bei Werten ϵ^{Last} von weniger als ϵ^{T} (Abbildung 6.6). Dieser Aspekt wird im Abschnitt 6.2.2 detaillierter diskutiert.

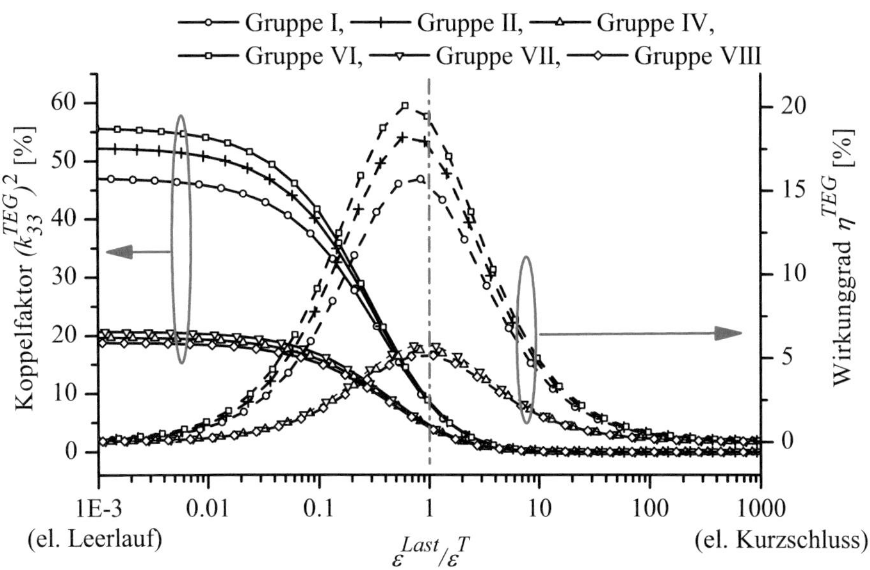

Abb. 6.6: Koppelfaktor $\left(k_{33}^{TEG}\right)^2$ und Wirkungsgrad η^{TEG} eines piezoelektrischen Generatorwerkstoffs bei aufgeprägter mechanischer Spannung $T_3^G = 1$ Pa.

6.2.2 Erregung mit aufgeprägter Dehnung

Das Verhalten piezoelektrischer Werkstoffe bei aufgebrachter Dehnung ist vergleichbar zur mechanischen Spannungserregung (Abschnitt 6.2.1). Die Unterschiede ergeben sich hauptsächlich bei den das Verhalten bestimmenden Werkstoffkenngrößen.
Die Gleichungen (3.10) und (6.3) liefern bei aufgeprägter mechanischer Dehnung S^G (Index SEG) eine elektrische Feldstärke

$$E^{SEG} = \frac{d}{s^E \cdot (\epsilon^{Last} + \epsilon^S)} \cdot S^G = \frac{e^E}{\epsilon^{Last} + \epsilon^S} \cdot S^G \tag{6.17}$$

und eine dielektrische Flussdichte

$$D^{SEG} = \frac{d}{s^E \cdot \left(1 + \frac{\epsilon^S}{\epsilon^{Last}}\right)} \cdot S^G = \frac{e^E}{1 + \frac{\epsilon^S}{\epsilon^{Last}}} \cdot S^G \tag{6.18}$$

am piezoelektrischen Generatorwerkstoff (Abbildung 6.7). Die Gleichung (6.17) mit der Randbedingung elektrischer Leerlauf ($\epsilon^{Last}/\epsilon^S \ll 1$) ergibt

$$E^{SEG,l} = \frac{d}{s^E \cdot \epsilon^S} \cdot T^G = \frac{d}{s^D \cdot \epsilon^T} \cdot T^G = \frac{g^T}{s^D} \cdot T^G = h^{D,T} \cdot S^G, \tag{6.19}$$

während die dielektrische Flussdichte $D^{SEG,l}$ gegen Null geht. Die piezoelektrische Feldkonstante $h^{D,T}$ bestimmt damit die Höhe der elektrischen Feldstärke. Durch den begrenzten Wertebereich der piezoelektrische Spannungskonstante g^T (Abschnitt 6.1) ist ein deutlicher Einfluss der Nachgiebigkeit s^D auf die Höhe des elektrischen Feldes E^{SEG} erkennbar. Aus diesem Grund sind für Generatoranwendungen Werkstoffe aus den Gruppen I und III vorteilhaft, da diese im Vergleich zu Werkstoffen aus der Gruppe II bei nahezu gleicher piezoelektrischen Spannungskonstanten g^T eine geringere Nachgiebigkeit s^D aufweisen.
Im elektrischen Kurzschluss ($\epsilon^{Last}/\epsilon^S \gg 1$) ergibt sich die dielektrische Flussdichte

$$D^{SEG,k} = \frac{d}{s^E} \cdot S^G = e^E \cdot S^G \tag{6.20}$$

und die elektrische Feldstärke $E^{SEG,k}$ wird nahezu Null. Werkstoffseitig bestimmt die piezoelektrische Ladungsdichtekonstante e^E die Höhe der dielektrischen Flussdichte. Hier weist die Nachgiebigkeit s^E einen deutlich geringeren Einfluss auf

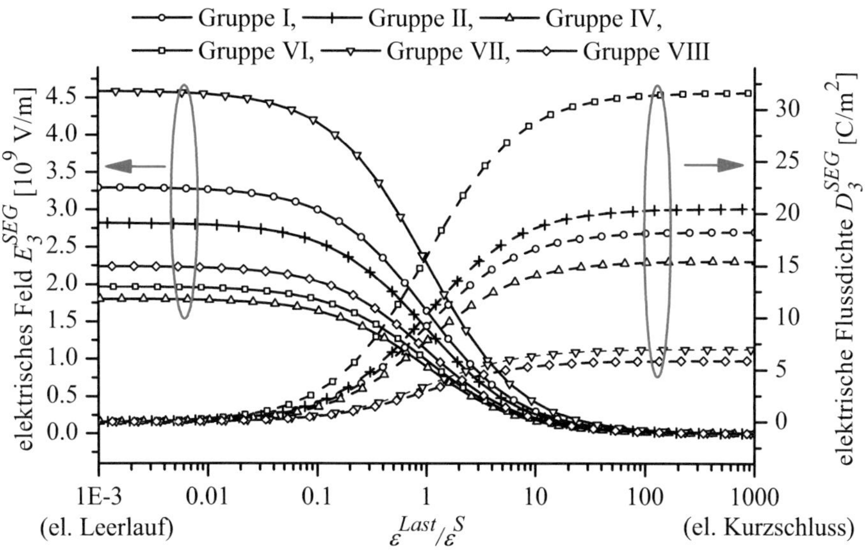

Abb. 6.7: Elektrisches Feld E_3^{SEG} und dielektrische Flussdichte D_3^{SEG} eines piezoelektrischen Generatorwerkstoffes bei einer mechanischen Dehnungserregung von $S_3^G = 1$ unter Berücksichtigung der mittleren Werkstoffkennwerte aus Abschnitt 6.1.

die dielektrische Flussdichte auf, da der große Wertebereich der piezoelektrischen Ladungskonstante d (Abschnitt 6.1) dominiert. Für eine vorteilhafte Werkstoffauswahl gelten die Ausführung aus Abschnitt 6.2.1.

Analog zu den Ausführungen in Abschnitt 6.2.1 ergeben sich die abgegebene elektrische Energiedichte $W_{el,abgeg.}^{SEG}$ zu

$$W_{el,abgeg.}^{SEG} = \frac{1}{2} \cdot E^{SEG} \cdot D^{SEG} = \frac{1}{2} \cdot \frac{\left(e^E\right)^2}{\epsilon^{Last} \cdot \left(1 + \frac{\epsilon^S}{\epsilon^{Last}}\right)^2} \cdot \left(S^G\right)^2 \tag{6.21}$$

mit dem Maximum

$$W_{el,abgeg.}^{SEG,max} = \frac{1}{8} \cdot \frac{d^2}{s^E \cdot s^D \cdot \epsilon^T} \cdot \left(S^G\right)^2 = \frac{1}{8} \cdot w_{el}^S \cdot \left(S^G\right)^2 \tag{6.22}$$

bei $\epsilon^{Last}/\epsilon^S = 1$. Erwartungsgemäß bestimmt nach Gleichung (3.13) die piezoelektrische Energiedichtekonstante w_{el}^S () das Energieübertragungsverhalten des piezoelektrischen Werkstoffes bei aufgeprägter Dehnung. Die gespeicherte elektrische Energiedichte $W^{SEG}_{el,gespei.}$ ergibt sich gemäß Gleichung (6.10) zu

$$W^{SEG}_{el,gespei.} = \frac{1}{2} \cdot \epsilon^S \cdot \left(E^{SEG}\right)^2 = \frac{1}{2} \cdot \epsilon^S \cdot \left(\frac{d}{s^E \cdot (\epsilon^{Last} + \epsilon^S)}\right)^2 \cdot \left(S^G\right)^2 . \quad (6.23)$$

Das Maximum tritt bei elektrischem Leerlauf ($\epsilon^{Last}/\epsilon^S \ll 1$) auf (Abbildung 6.8). Auffällig ist, dass die elektrischen Energiedichten $W^{SEG}_{el,gespei.}$ und $W^{SEG}_{el,abgeg.}$ für die Werkstoffe der Gruppen I, III, II und VI nahezu gleich groß sind. Innerhalb dieser Gruppen besteht also keine Möglichkeit, durch geschickte Werkstoffauswahl die Leistungsfähigkeit zu steigern. Grund dafür sind die linearen Abhängigkeiten der Werkstoffkennwerte untereinander. Das führt zu einem limitierten mechanischen Energieeintrag

$$W^{SEG}_{mech} = \frac{1}{2} \cdot T^{TEG} \cdot S^G = \frac{1}{2} \cdot \left(\frac{1}{s^E} + \frac{d^2}{\left(s^E\right)^2 \cdot (\epsilon^{Last} + \epsilon^S)}\right) \cdot \left(S^G\right)^2 , \quad (6.24)$$

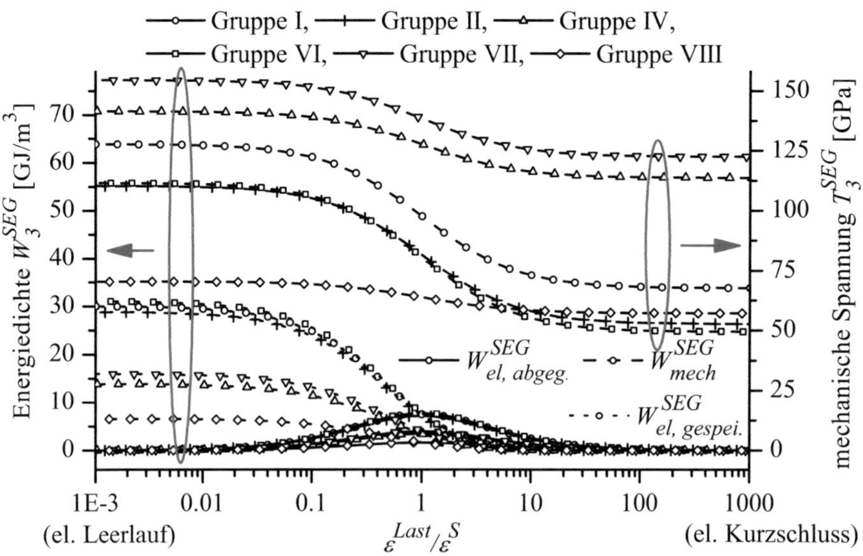

Abb. 6.8: Energiedichten W^{SEG} und mechanische Spannungen T^{SEG} am piezoelektrischen Generatorwerkstoff bei aufgeprägter Dehnung $S_3^G = 1$.

mit der mechanischen Spannung

$$T^{SEG} = \left(\frac{1}{s^E} + \frac{d^2}{(s^E)^2 \cdot (\epsilon^{Last} + \epsilon^S)}\right) \cdot S^G, \tag{6.25}$$

in den piezoelektrischen Generator, da hohe Nachgiebigkeiten s^E der ferroelektrisch weichen Werkstoffe (Gruppen II und VI) gleichzeitig mit einer hoher Fähigkeit der Energiewandlung auftreten. Abbildung 6.8 zeigt die Abhängigkeit von W_{mech}^{SEG} und T^{SEG} vom Verhältnis $\epsilon^{Last}/\epsilon^S$. Die übrigen Gruppen, deren Werkstoff nicht auf PZT basieren, zeigen ein abweichendes Verhalten. Sie sind aber für piezoelektrische Generatoren weniger von Bedeutung.

Mit den Gleichungen (3.1) und (3.3) sowie (6.21), (6.23) und (6.24) lassen sich der Koppelfaktor $\left(k_{33}^{SEG}\right)^2$ und der Wirkungsgrad η^{SEG} berechnen (Abbildung 6.9). Sie entsprechen denen von Abbildung 6.6, da die Art der äußeren mechanischen Belastung keinen Einfluss auf die elektromechanische Kopplung hat.

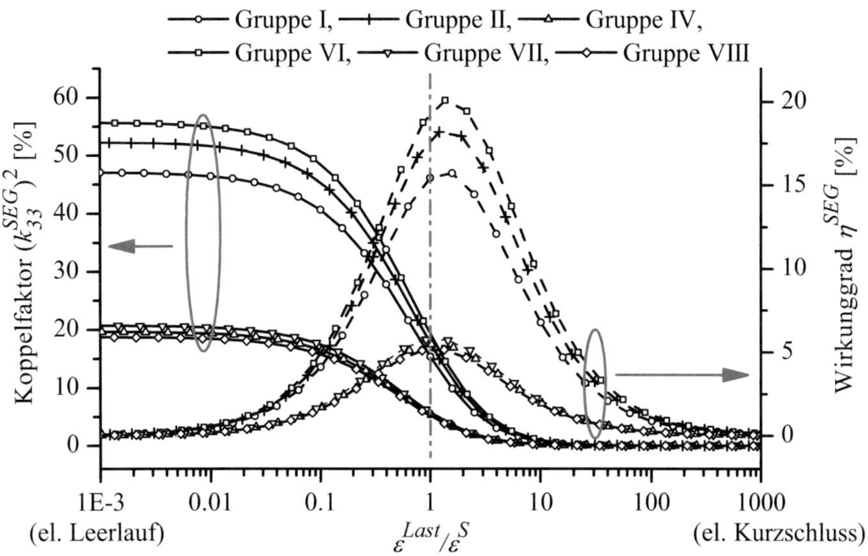

Abb. 6.9: Koppelfaktor $\left(k_{33}^{SEG}\right)^2$ und Wirkungsgrad η^{SEG} eines piezoelektrischen Generatorwerkstoff bei aufgeprägter Dehnung $S_3^G = 1$.

Für den Wirkungsgrad η^{SEG} ergibt sich ein Maximum für Werte von ϵ^{Last} von etwas mehr als ϵ^S (Abbildung 6.9). Entsprechend Abbildung 6.6 lag das Maximum des Wirkungsgrades η^{TEG} bei einem Verhältnis $\epsilon^{Last}/\epsilon^T < 1$. Der optimale Wert für ϵ^{Last} ergibt sich somit aus dem geometrischen Mittel der Permittivitäten ϵ^S und ϵ^T:

$$\epsilon^{Last,opt} = \sqrt{\epsilon^S \cdot \epsilon^T}. \tag{6.26}$$

In diesem Fall stehen die Permittivitäten ϵ^T und ϵ^{Last} bzw. ϵ^S und ϵ^{Last} im gleichen Verhältnis zueinander. Der maximale Wirkungsgrad bedeutet zwar einen optimalen Energieumsatz von eingebrachter mechanischer Energiedichte W_{mech} und abgegebener elektrischer Energiedichte $W_{el,abgeg.}$, entspricht aber nicht der maximalen Energieabgabe $W^{max}_{el,abgeg.}$, die bei $\epsilon^{Last}/\epsilon^s = 1$ erreicht wird.

6.2.3 Zyklische Energieentnahme

In den Abschnitten 6.2.1 und 6.2.2 wurde von einer einmaligen Belastungsänderung ausgegangen. Daraus ergaben sich die mechanische und die elektrische Energieverteilung. Für eine kontinuierliche Energieabgabe bei piezoelektrischen Generatoren ist eine mechanische Wechsellast erforderlich. Das führt zwangsläufig zu wechselnden elektrischen Feldern und Flussdichten am piezoelektrischen Werkstoff. Die Energieabgabe erfolgt dann zyklisch mit wechselndem Vorzeichen. Eine instruktive Beschreibung ist in [20] publiziert und in Abbildung 6.10 gezeigt. Die darin enthaltenen Berechnungen basieren auf dem Gleichungssystem (3.10). Entsprechend Abbildung 6.10 teilt sich ein vollständiger Zyklus bei mechanischer Wechsellast in vier Abschnitte. Bei Änderung der mechanischen Spannung (Punkt 1 zu Punkt 2) befindet sich der piezoelektrische Werkstoff im elektrischen Leerlauf. Die Dehnung S und die elektrische Feldstärke E nehmen zu, während die dielektrische Flussdichte D konstant bleibt. Mit Erreichen des Maximums der mechanischen Belastung wird der piezoelektrische Generatorwerkstoff elektrisch kurzgeschlossen (Punkt 2 zu Punkt 3). Die elektrische Flussdichte D nimmt sprungartig zu, während die elektrische Feldstärke E zurück geht. Die fehlende aktorische Rückwirkung führt zur weiteren Dehnung S des Werkstoffes. Dieser Effekt wurde bereits im Abschnitt 6.2.1 beschrieben. Die aufgespannten Dreiecke 1-

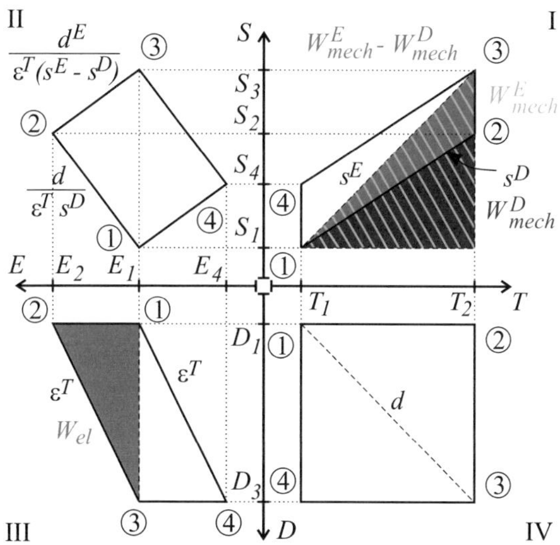

Abb. 6.10: Schematische Verläufe der Dehnung S, der elektrischen Feldstärke E und der elektrischen Flussdichte D eines piezoelektrischen Werkstoffes mit aufgeprägter mechanischer Spannung bei Wechselbelastung (nach [20])

2-3 im ersten und dritten Quadranten entsprechen der bereitgestellten elektrischen Energie aus dem beschriebenen Halbzyklus. Gut erkennbar ist die Eigenschaft piezoelektrischer Generatorwerkstoffe, dass immer ein Teil der hineingesteckten mechanischen Energie W^D_{mech} im Generator verbleibt. Hierbei handelt es sich um die im deformierten Ionenkristall gespeicherte Energie.

Der Belastungszyklus wird abgeschlossen, wenn das Piezoelektrikum entlastet wird (Punkt 3 über Punkt 4 zu Punkt 1). Das erfolgt analog zum ersten Halbzyklus, nur mit umgekehrtem Vorzeichen. In [83] ist eine technische Realisierung beschrieben, die dieses Verfahren ausnutzt.

Für piezoelektrische Generatorwerkstoffe mit aufgeprägter Dehnung gelten sehr ähnliche Zusammenhänge (Abbildung 6.11). Auffälligster Unterschied ist die Abnahme der mechanischen Spannung beim Kurzschließen (Punkt 2 zu Punkt 3) aufgrund des Wegfalls der aktorischen Rückwirkung (vgl. Abschnitt 6.2.2). Ebenso weichen die Berechnungsvorschriften für die Anstiege ab.

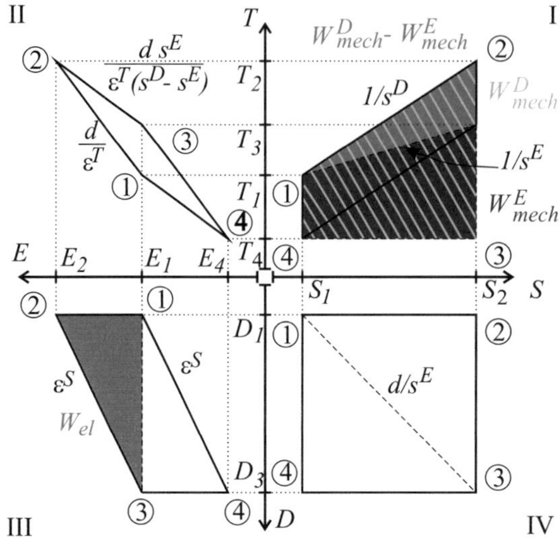

Abb. 6.11: Schematische Verläufe der mechanischen Spannung T, der elektrischen Feldstärke E und der elektrischen Flussdichte D eines piezoelektrischen Werkstoffes mit aufgeprägter Dehnung bei Wechselbelastung.

Die Abbildungen 6.10 und 6.11 zeigen deutlich den Einfluss der Werkstoffkonstanten auf das Verhalten des piezoelektrischen Generators. Die mathematische Beschreibung entspricht den Abschnitten 6.2.1 und 6.2.2. Für eine möglichst große Energiewandlung wird deshalb angestrebt, die Fläche der Dreiecke 1-2-3 so groß wie möglich zu gestalten.

6.2.4 Schlussfolgerungen

Die Nachgiebigkeit s^E_{33}, die relative Permittivität $\epsilon^T_{33}/\epsilon_0$ und die piezoelektrische Ladungskonstante d_{33} bestimmen maßgeblich das Verhalten des piezoelektrischen Werkstoffs. Durch die enge Korrelation der drei Werkstoffkenngrößen untereinander (Abschnitt 6.1) sind die Möglichkeiten für eine optimale Werkstoffauswahl begrenzt. Dabei gilt zu beachten:

- Der geforderte elektrische Spannungsbereich piezoelektrischer Generatoren wird durch die piezoelektrische Spannungskonstante g^T bestimmt.

- Die maximal abgebbare elektrische Energiedichte W^G, die umgekehrt proportional von w_{el}^G abhängt, bestimmt maßgeblich die Baugröße des piezoelektrischen Generators, bei Vorgabe elektrischer Sollkennwerte.

6.3 Lastabhängigkeit der Werkstoffeigenschaften

Die Messergebnisse aus Abschnitt 5 zeigen teilweise deutliche Änderungen der betrachteten Werkstoffeigenschaften nach hoher mechanischer Belastung. Dieses Verhalten ist von piezokeramischen Werkstoffen bekannt und in der Literatur beschrieben [85]. Dabei ist der Einfluss bei den Werkstoffen der einzelnen Gruppen unterschiedlich (Abbildung 6.12). Die Abweichungen der piezoelektrischen Ladungskonstante d_{33} zwischen Datenblatt- und Messwerten sind bekannt und im Abschnitt 5.3 beschrieben. Wiederum lassen sich auch mittlere bzw. linear abhängige Eigenschaftsänderungen der Werkstoffe nach hoher mechanischer Belastung ableiten.

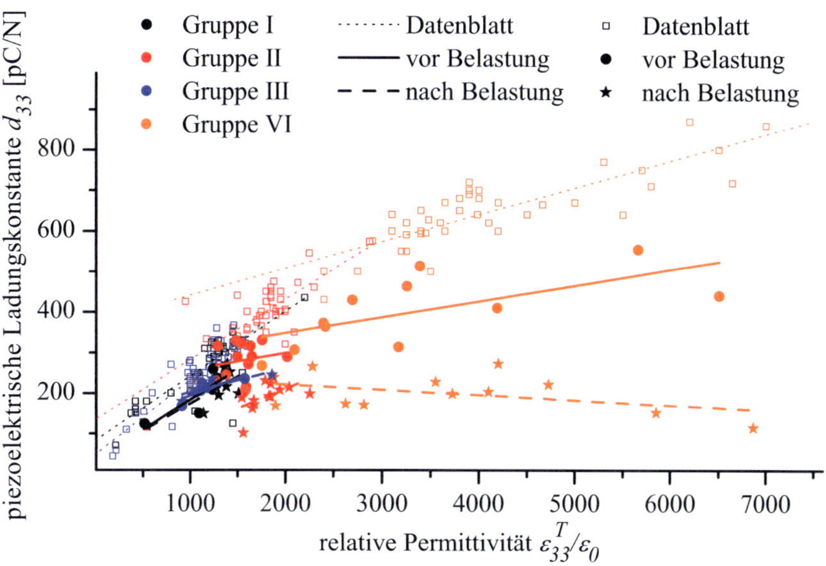

Abb. 6.12: Anordnung der Werkstoffe nach den Kenngrößen relative Permittivität $\epsilon_{33}^T/\epsilon_0$ und piezoelektrische Ladungskonstante d_{33}

6.3.1 Ferroelektrisch harte Werkstoffe der Gruppen I und III

Die ferroelektrisch harten Werkstoffe der Gruppen I und III weisen nur sehr geringe Änderungen der betrachteten Kennwerte auf (Abbildung 6.2). Teilweise liegen diese innerhalb der Messunsicherheit der verwendeten Verfahren, so dass genaue Aussagen bezüglich der Änderungen nicht möglich sind. Das gilt besonders für die planaren Frequenzkonstanten $N_{P,r}$ und $N_{P,a}$ sowie den planaren Koppelfaktor k_P (Abschnitt 5.2).

Die geringen Abweichungen vom Ausgangszustand sind ein eindeutiges Indiz dafür, dass die Werkstoffeigenschaften nahezu unverändert bleiben. In ferroelektrisch harten Werkstoffen wird durch gezieltes Einstellen eines Zirkon-Titan-Verhältnisses und durch Hinzufügen bestimmter Dotierstoffe die Beweglichkeit der Domänenwände eingeschränkt (Abschnitt 3.2). Die Ausrichtung der Domänen und damit die richtungsabhängigen Werkstoffeigenschaften bleiben nach hoher Belastung weitestgehend erhalten.

Bemerkenswert ist der Aspekt, dass der Großteil der ferroelektrisch harten Werkstoffe nach hoher mechanischer Belastung eine verbesserte elektromechanische Aktivität von bis zu 10% aufweisen. Hier ist besonders der Anstieg der piezoelektrischen Ladungskonstante $d_{33}^{G,KS}$ der Werkstoffe der Gruppe III (Abbildung 5.2) zu nennen. Hohe mechanische Lasten aktivieren stark verklemmte Domänenbereiche, so dass diese danach für reversible Domänenwandbewegungen zur Verfügung stehen. Als Folge ergibt sich eine höhere Verschiebbarkeit von Ladungsträgern bei gleicher Belastung und damit die verbesserte elektromechanische Aktivität. Diese Vermutung deckt sich auch mit der gemessenen Erhöhung der relativen Permittivität $\epsilon_{33}^T/\epsilon_0$ als Folge der höheren Beweglichkeit der Ionen im Kristall.

Diese Ergebnisse bestätigen frühere Erkenntnisse aus [85] (Abbildung 3.6). Der Steigerung der piezoelektrischen Aktivität sind allerdings durch nicht reversible Domänenwandbewegungen Grenzen gesetzt. Dieser Aspekt wird in Abschnitt 6.3.2 detaillierter betrachtet.

Der geringe Einfluss hoher mechanischer Lasten auf ferroelektrisch harte Werkstoffe stellt einen großen Vorteil für piezoelektrische Generatoren dar. Fehl- und Überbelastungen führen nicht zu einer Degradation und damit zum Ausfall der Energieversorgung. Zusätzlich besteht die Möglichkeit, durch eine mechanische Vorspannung der Werkstoffe die Energiewandlung zu steigern.

Tab. 6.3: Mittlere Werkstoffkennwerte sowie Parameter der Punktrichtungsgleichung (6.2) für degradierte ferroelektrisch weiche Werkstoffe nach hoher mechanischer Belastung.

	mittl. Werkstoffkennwerte					
Gruppe	$\epsilon_{33}^T/\epsilon_0$	d_{33} [pC/N]				
II	1811	192				
VI	3877	197				
Gruppe	Ortsvektor $\overrightarrow{n}$		Richtungsvektor $\overrightarrow{m}$		Parameter t	
	n_x	n_y [pC/N]	m_x	m_y [pC/N]	t_{min}	t_{max}
II	1811	192	1.0	0.0994	-272	446
VI	3877	197	1.0	-0.0128	-1979	2990

6.3.2 Ferroelektrisch weiche Werkstoffe der Gruppen II und VI

Die Werkstoffe der Gruppen II und VI weisen teilweise sehr deutliche Änderungen der Kennwerte nach hoher mechanischer Belastung auf (Abschnitt 5). Das ist zu erwarten, da in ferroelektrisch weichen Werkstoffen über das Zirkon-Titan-Verhältnis und zusätzlicher Dotierstoffe gezielt eine hohe Beweglichkeit der Domänenwände eingestellt wird. Das führt im Vergleich zu ferroelektrisch harten Werkstoffen zu einer deutlich höheren Ladungsträgerverschiebbarkeit. Zwangsläufig wird damit auch die Neigung zu irreversiblen Bewegungen von Domänenwänden, verbunden mit einer Neuausrichtung von Domänen und der Änderung der richtungsabhängigen Werkstoffeigenschaften, verstärkt (Abschnitt 3.2.2).

Die Degradation zeigt sich besonders stark in den Kleinsignalkennwerten, d.h. der piezoelektrischen Ladungskonstanten $d_{33}^{G,KS}$, der Spannnungskonstanten $g_{33}^{G,KS}$ und der Energiedichtekonstanten $1/w_{33}^{G,KS}$ (Abschnitt 5.3). Hier wurden Änderungen von bis zu 90% ermittelt. Die mittleren Eigenschaftskennwerte und die Komponenten der Punktrichtungsgleichung (6.2) der degradierten Werkstoffe sind in Tabelle 6.3 aufgelistet.

Des Weiteren treten Änderungen der Kennwerte der elektrischen Impedanz auf (Abschnitt 4.3.2). Die Werte der planaren Frequenzkonstanten der Resonanzfrequenz $N_{P,r}$ erhöhen sich, hervorgerufen durch die Verringerung der Nachgiebigkeit des Werkstoffes. Bereits in [85] und [141] war die Versteifung PZT-basierter Keramiken nach mechanischer Belastung nachgewiesen worden, wobei es unerheblich ist, ob die Belastung auf eine ungepolte oder gepolte Keramik parallel oder senkrecht zur Polungsrichtung wirkt.
Die Verringerung der piezoelektrischen Aktivität äußert sich erwartungsgemäß auch im Absinken des planaren Koppelfaktors k_P, wobei die Änderungen mit bis zu 30% nicht so deutlich ausfallen. Hier zeigt sich, dass der Koppelfaktor als Bewertungskriterium für die elektromechanische Degradation ungeeignet ist.
Die Änderungen der relativen Permittivität $\epsilon_{33}^T/\epsilon_0$ nach hoher mechanischer Belastung fallen unterschiedlich aus und hängen von der dominierenden Phase (Abschnitt 5.2.2) ab:

1. Erhöhung bei überwiegend tetragonaler Phase,
2. Verringerung bei überwiegend rhomboedrischer Phase,
3. keine Veränderung bei gleichen Phasenanteilen nahe des morphotropen Phasenkoexistenzbereiches.

Dies lässt folgende Schlussfolgerungen zu:

1. Ferroelektrisch harte Werkstoffe weisen überwiegend tetragonale Phasen auf [66]. Das wurde auch exemplarisch am Werkstoff PIC 181 [64] nachgewiesen [142]. Die Erhöhung der relativen Permittivität $\epsilon_{33}^T/\epsilon_0$ wurde im Abschnitt 6.3.1 gezeigt. Aus diesem Grund müssen ferroelektrisch weiche Werkstoffe der Gruppe II bzw. VI mit gleichem Verhalten überwiegend tetragonale Phasen besitzen.
2. Ferroelektrische Einkristalle auf Basis von PMN-PT weisen überwiegend rhomboedrische Phasen auf [61] und zeigen nach hoher mechanischer Belastung eine Verringerung der relativen Permittivität $\epsilon_{33}^T/\epsilon_0$ (Abschnitt 6.3.3). Deshalb besitzen ferroelektrisch weiche Werkstoffe mit gleichem Verhalten überwiegend rhomboedrische Phasen.
3. Werkstoffe der Gruppen II und VI mit sehr geringer Änderung der relativen Permittivität $\epsilon_{33}^T/\epsilon_0$ weisen daher typischerweise gleiche Phasenanteile (morphotroper Phasenkoexistenzbereich) auf.

Die Zusammensetzung ferroelektrisch weicher Werkstoffe wird so vorgenommen, dass sie nahezu gleiche Phasenanteile (morphotroper Phasenkoexistenzbereich) aufweisen. Dies erfolgt in der Regel über das Zirkon-Titan-Verhältnis, wobei häufig eine ins tetragonale verschobene Komposition angestrebt wird [66]. Das wird aus den Messergebnissen dadurch erkennbar, dass die Mehrzahl der untersuchten Werkstoffe eine Erhöhung der relativen Permittivität $\epsilon_{33}^{T}/\epsilon_0$ zeigen (Abschnitt 5.2.2).

Für einen abschließenden Beweis dieser These ist eine genaue Kenntnis der Verzerrungen der Perowskite und die prozentualen Phasenanteile der Werkstoffe nötig. Dazu wurden Röntgenuntersuchungen[2] durchgeführt. Für den Werkstoff PIC 181[64] aus der Gruppe III konnte ein Phasengehalt von 70 $\pm$ 3% tetragonal und 30 $\pm$ 3% rhomboedrisch und die Gitterparameter der Phasen:

- tetragonal:: a = 0,40372 $\pm$ 0,00023 c = 0,41230 $\pm$ 0,00023
- rhomboedrisch: a = 0,57574 $\pm$ 0,00073 c = 1,4135 $\pm$ 0,0034

ermittelt werden. Für die Werkstoffe TRS HK1 [117] und JMC M1876 [120] der Gruppe VI gelang dies nicht, da die vergleichsweise breiten Röntgenreflexe einander überlagern und die Perowskite nur eine geringe Verzerrung aufweisen [142].

Auffällig ist, dass die Werkstoffe bei der Polung und bei der mechanischen Depolarisation mit einer ähnlich großen Änderung der relativen Permittivität $\epsilon_{33}^{T}/\epsilon_0$ reagieren.

Berlincourt et al. [95] betrachten die unterschiedlichen Ausrichtungsgrade der Domänen nach der Polung, die bei Werkstoffen mit überwiegender tetragonaler Phase geringer ist. Dadurch steigt die Beweglichkeit der Ionen, dies führt zu einer höheren relativen Permittivität $\epsilon_{33}^{T}/\epsilon_0$. Eine Reduktion des Ausrichtungsgrades der Domänen ist aber auch durch hohe mechanischen Lasten möglich, das die relative Permittivität $\epsilon_{33}^{T}/\epsilon_0$ in gleicher Weise beeinflusst.

Gemäß Abschnitt 5.3 ist nach hoher mechanischer Belastung die piezoelektrische Aktivität in ferroelektrisch weichen Werkstoffen deutlich geringer. Dies zeigt

[2] Röntgenbeugungsuntersuchung (XRD) mit Bruker D8 Advance (Bragg-Brentano-Geometrie, Cu-Kα-Strahlung, 1D-LynxEye-Detektor) der Firma Bruker AXS; Rietveldanalyse mit der Software AutoQuan, Version 2.7.1.0 der Firma GE Inspection Technologies.

sich besonders kritisch bei der piezoelektrischen Spannnungskonstanten $g_{33}^{G,KS}$. Die deutliche Verringerung setzt sich dabei gemäß Gleichung (3.17) aus zwei Komponenten zusammen:

1. Verringerung der piezoelektrischen Ladungskonstanten $d_{33}^{G,KS}$ und
2. (für die meisten Werkstoffe) Zunahme der relativen Permittivität $\epsilon_{33}^{T}/\epsilon_0$.

Fällt die erzeugte Spannung am piezoelektrischen Generator unter ein kritsches Niveau kann kein sicher Betrieb eines Verbrauchers (Abschnitt 2.5) gewährleistet werden. Dieser Fall war beim Laden eines Kondensators aus einem Werkstoff der Gruppe VI aufgetreten (Abschnitt 5.3.5a).

6.3.3 Werkstoffe der Gruppen IV, VII, VIII und IX

Für die Werkstoffgruppen IV, VII, VIII und IX können keine verallgemeinerbaren Aussagen bezüglich der Änderung der Eigenschaften nach hoher mechanischer Belastung getroffen werden, da nur sehr wenige Werkstoffe für messtechnische Untersuchungen zur Verfügung standen. Als Grund ist die Verfügbarkeit dieser Spezialwerkstoffe zu nennen, welche nur von sehr wenigen Herstellern angeboten werden. Deshalb wird in Tabelle 6.4 betrachtet, ob die untersuchten Werkstoffe eher ferroelektrisch harte oder weiche Eigenschaften aufweisen.

6.3.4 Zusammenhang zwischen generatorischem Werkstoffverhalten und Werkstoffdegradation

a) Allgemeine Schlussfolgerungen

Die Werkstoffe mit hoher piezoelektrischer Aktivität neigen nach hoher mechanischer Belastung verstärkt zur Degradation der piezoelektrischen Eigenschaften. Dies betrifft zum Beispiel die ferroelektrisch weichen Werkstoffe aus den Gruppen II und VI. Ferroelektrisch harte Werkstoffe dagegen weisen zwar nur eine moderate Fähigkeit zur Energiewandlung auf, zeigen aber eine hohe Stabilität der Eigenschaften. Bei der Auswahl eines geeigneten Werkstoffes für einen piezoelektrischen Generator müssen deshalb beide Aspekte gleichzeitig berücksichtigt werden.

Die Abbildung 6.13 zeigt den Vergleich der piezoelektrischen Ladungskonstanten d_{33}^{G}, der piezoelektrischen Spannungskonstanten g_{33}^{G}, der piezoelektrischen Energiedichtekonstanten $1/w_{33}^{G}$ und der relativen Permittivität $\epsilon_{33}^{T,G}/\epsilon_0$ vor und nach hoher mechanischer Belastung. Die Zuordnung der Messpunkte zu den Werkstoffen ist mit Hilfe der Daten aus Anhang B.2 möglich.

Die piezoelektrische Ladungskonstante d_{33}^{G} (Abbildung 6.13a) ferroelektrisch weicher Werkstoffe (Gruppen II und VI) erreicht nach hoher mechanischer Belastung Werte, die vergleichbar mit den Werten ferroelektrisch harter Werkstoffe (Gruppen I und III) sind. Offenbar stellt sich je nach Belastungshöhe ein maximal möglicher Wert ein (Abschnitt 6.3.4b). Die hier angenommene maximale mechanische Belastung von 70 MPa ergab einen Wert von 280 pC/N. Es ist zu erwarten, dass dieser Wert bei höherer Belastung weiter sinkt. Eine Ausnahme bildet der einkristalline Werkstoff X2B [117] (Gruppe VI), dessen Degradation geringer ausfällt.

Tab. 6.4: Zusammenfassung der Zuordnung der ferroelektrischen Eigenschaften der untersuchten keramischen Werkstoffe der Gruppen IV, VII, VIII und IX

<table>
<tr><th>Gruppe</th><th>Werkstoff</th><th>Hersteller</th><th>Ferroelektrische Eigenschaft</th></tr>
<tr><td>IV</td><td>PIC110</td><td>[64]</td><td>hart/weich</td></tr>
<tr><td>VII</td><td>BM300</td><td>[65]</td><td>hart</td></tr>
<tr><td rowspan="2">VIII</td><td>BM921</td><td rowspan="2">[65]</td><td>weich</td></tr>
<tr><td>BM941</td><td>hart</td></tr>
<tr><td rowspan="6">IX</td><td>Pz37</td><td rowspan="2">[81]</td><td>weich</td></tr>
<tr><td>Pz46</td><td>hart</td></tr>
<tr><td>PIC700</td><td>[64]</td><td>hart</td></tr>
<tr><td>X2A</td><td rowspan="2">[117]</td><td>weich</td></tr>
<tr><td>X2B</td><td>weich</td></tr>
<tr><td>PMN-PT</td><td>[125]</td><td>weich</td></tr>
</table>

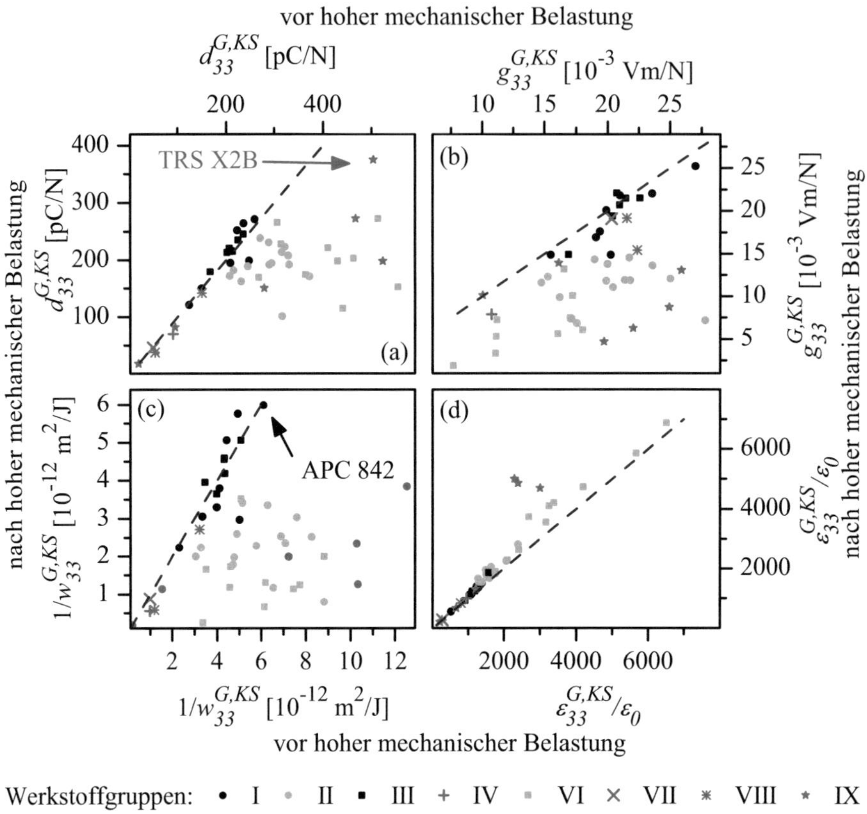

Abb. 6.13: Gemessene Kleinsignalkennwerte von piezoelektrischen Werkstoffen vor und nach hoher mechanischer Belastung: (a) piezoelektrische Ladungskonstante d_{33}^{G}, (b) piezoelektrische Spannungskonstante g_{33}^{G}, (c) piezoelektrische Energiedichtekonstante $1/w_{33}^{G}$ und (d) relative Permittivität $\epsilon_{33}^{T,G}/\epsilon_0$. Punkte oberhalb der Strichlinie: Vergrößerung der Kennwerte, unterhalb: Verkleinerung der Kennwerte.

Die Werte der piezoelektrischen Spannungskonstanten g_{33}^{G} für Werkstoffe der Gruppen II und VI sind vor der mechanischen Belastung im Vergleich zu Werkstoffen der Gruppen I und III geringer (Abbildung 6.13b). Hinzu kommt die deutlich höhere Degradation ferroelektrisch weicher Werkstoffe.

Die piezoelektrische Energiedichtekonstante $1/w_{33}^{G}$ sinkt für ferroelektrisch weiche Werkstoffe nach hoher mechanischer Belastung. Das bedeutet, dass sie eine

deutlich geringere Fähigkeit der Energiewandlung aufweisen als ferroelektrisch harte Werkstoffe.
Aus dem Verhalten dieser drei Kennwerte ergibt sich, dass ferroelektrisch weiche Werkstoffe schlechter als ferroelektrische harte Werkstoffe für piezoelektrische Generatoren geeignet sind. Der Vorteil der höheren piezoelektrischen Ladungskonstanten d_{33}^{G} piezoelektrischer Werkstoffe der Gruppen II und VI ist unbedeutend und kann nicht als Auswahlkriterium für Werkstoffe genutzt werden. Für piezoelektrische Generatoren sollten kommerzielle Werkstoffe mit ferroelektrisch harten Eigenschaften zum Einsatz kommen.

b) Ergebnisse bei steigender Belastung

Das Großsignalmessverfahren (Abschnitt 4.2) liefert nur wenige Anhaltspunkte, ab welcher Belastungshöhe eine nennenswerte Degradation der Werkstoffeigenschaften einsetzt. Aus diesem Grund wurden detailliertere Messungen an repräsentativen Werkstoffen der Gruppen II, III, IV und VI durchgeführt, bei denen anstelle von zwei Messungen mit maximaler Belastung zehn Messdurchläufe mit stetig steigender Belastung durchgeführt wurden. Nach jedem Durchlauf erfolgte eine Messung der Kleinsignalkennwerte. Die Untersuchungen erfolgten exemplarisch für die Werkstoffe PIC255 [64] (Gruppe II), APC 880 [87] (Gruppe III), PIC110 [64] (Gruppe IV) und PIC153 [64] (Gruppe VI).
Die Abbildung 6.14 zeigt die piezoelektrische Ladungskonstante $d_{33}^{G,KS}$, die Spannungskonstante $g_{33}^{G,KS}$ und die Energiedichtekonstante $1/w_{33}^{G,KS}$ vor und nach den zehn Großsignalmessungen. Dabei zeigt sich, dass die Änderung der Werkstoffeigenschaften stetig und lastabhängig ist. Es existiert keine Grenzlast, ab der die Änderungen einsetzen. Dieses Verhalten bestätigt die Ergebnisse aus [85] (Abbildung 3.6).
Im Einzelnen zeigte sich für die unterschiedlichen Werkstoffe folgendes Verhalten:

- Die Kennwerte der Werkstoffe PIC255 [64] (Gruppe II) und PIC110 [64] (Gruppe IV) reduzieren sich stetig mit Zunahme der mechanischen Belastung. Der Grund für den erneuten Anstieg bei maximaler Belastung für PIC110 [64] ist auf einen Sättigungseffekt zurückzuführen, der aber nicht an allen Messproben festgestellt werden konnte (Abbildung 6.14c).

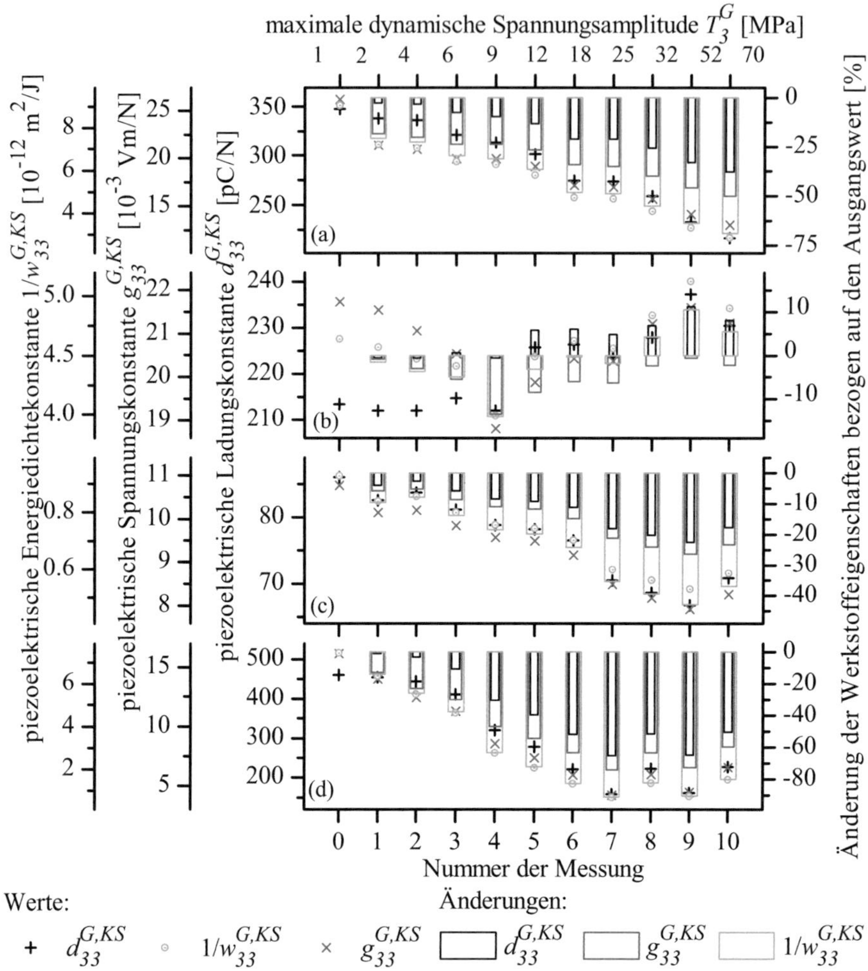

Abb. 6.14: Kleinsignalkennwerte nach steigender mechanischer Belastung der Werkstoffe: (a) PIC255 [64], (b) APC 880 [87], (c) PIC110 [64] und (d) PIC153 [64].

- Der Werkstoff PIC153 [64] aus der Gruppe VI weist bis zu einer Belastung von 25 MPa eine belastungsproportionale Reduktion der betrachteten Werkstoffkennwerte auf (Abbildung 6.14d). Danach setzt eine Sättigung ein, so dass höhere mechanische Belastungen zu keiner weiteren Degradation der Eigenschaften führen. Dieser Effekt kann aber im piezoelektrischen Generator nicht sinnvoll genutzt werden, da bereits eine deutliche Änderung um mehr als 80% stattfand.

- Das Verhalten des Werkstoff APC 880 [87] (Gruppe III) ist zweigeteilt (Abbildung 6.14b). Mit steigender Belastung bleibt die piezoelektrische Ladungskonstante $d_{33}^{G,KS}$ anfangs nahezu konstant, während die piezoelektrische Spannungskonstante $g_{33}^{G,KS}$ und damit auch die piezoelektrische Energiedichtekonstante $1/w_{33}^{G,KS}$ sinken. Dies begründet sich durch die Zunahme der relativen Permittivität $\epsilon_{33}^{T}/\epsilon_0$ (Abschnitt 5.2.2). Erst bei höherer mechanischer Belastung steigt die piezoelektrische Ladungskonstante $d_{33}^{G,KS}$ um weniger als 15% an. Das hat zur Folge, dass auch die piezoelektrische Spannungskonstante $g_{33}^{G,KS}$ wieder zunimmt und einen Wert ähnlich des Ausgangszustandes annimmt. Gleiches gilt für die piezoelektrische Energiedichtekonstante $1/w_{33}^{G,KS}$, wobei der Endwert ca. 5% größer ist als der Anfangswert. Dieses Werkstoffverhalten war auch in [85] beobachtet worden (Abbildung 3.6).

Der Verlauf der piezoelektrischen Ladungskonstanten $d_{33}^{G,GS}$ (Abbildung 6.15) und der piezoelektrischen Spannungskonstanten $g_{33}^{G,GS}$ (Abbildung 6.16) im Großsignalbetrieb zeigen die gleiche stetige, lastabhängige Änderung der Werkstoffeigenschaften wie in Abschnitt 6.3.4a. Die Messungen nach Abschnitt 4.2 umspannen den Wertebereich, der von den Messungen nach Abschnitt 6.3.4a ausgefüllt wird. Somit kann näherungsweise aus den Daten aus Abschnitt 5.4 auf das Änderungsverhalten bei geringeren Lasten geschlossen werden. Die erkennbaren Abweichungen (Abbildungen 6.15 und 6.16) ergeben sich aufgrund der Messung zweier individueller Proben. Ein weiterer Einflussfaktor ist die vollständige mechanische Entlastung nach jedem der zehn Durchläufe.

Besonders auffällig ist die Zunahme der piezoelektrischen Ladungskonstante $d_{33}^{G,GS}$ und Spannungskonstante $g_{33}^{G,GS}$ bei hohen mechanischen Amplituden, die bis zu 30% betragen können. Allerdings ist dieses Verhalten technisch nur bei Werkstoffen nutzbar, die keine nennenswerte Degradation aufweisen.

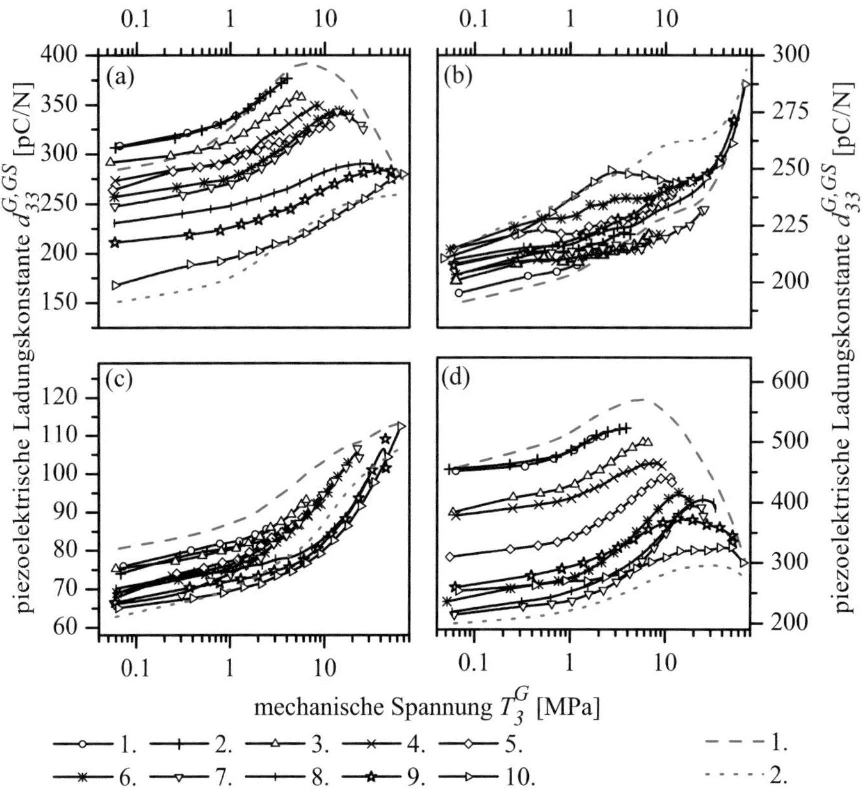

Abb. 6.15: Verlauf der piezoelektrischen Ladungskonstante $d_{33}^{G,GS}$ im Großsignalbetrieb bei steigender Belastung: (a) PIC255 [64] (Gruppe II), (b) APC 880 [87] (Gruppe III), (c) PIC110 [64] (Gruppe IV) und (d) PIC153 [64] (Gruppe VI). Gestrichelte Linien: Messung nach Abschnitt 4.2, Volllinien: Messung nach Abschnitt 6.3.4a.

6.3.5 Schlussfolgerungen

Die durchgeführte mechanisch-dynamische Stimulation piezoelektrischer Werkstoffe mit schrittweiser Lasterhöhung bis hin zu sehr hohen Lasten entspricht möglichen Anwendungsszenarien. Ein wichtiges Ziel der Untersuchungen war dabei die Ermittlung der zulässigen Grenzlasten für piezoelektrische Werkstoffe. Dies ist allerdings aufgrund der stetigen Änderung der Werkstoffeigenschaften nicht möglich gewesen. Stattdessen ist es sinnvoller, eine maximal zulässige Last anzugeben, bei der eine definierte Degradation noch nicht überschritten wird [89].

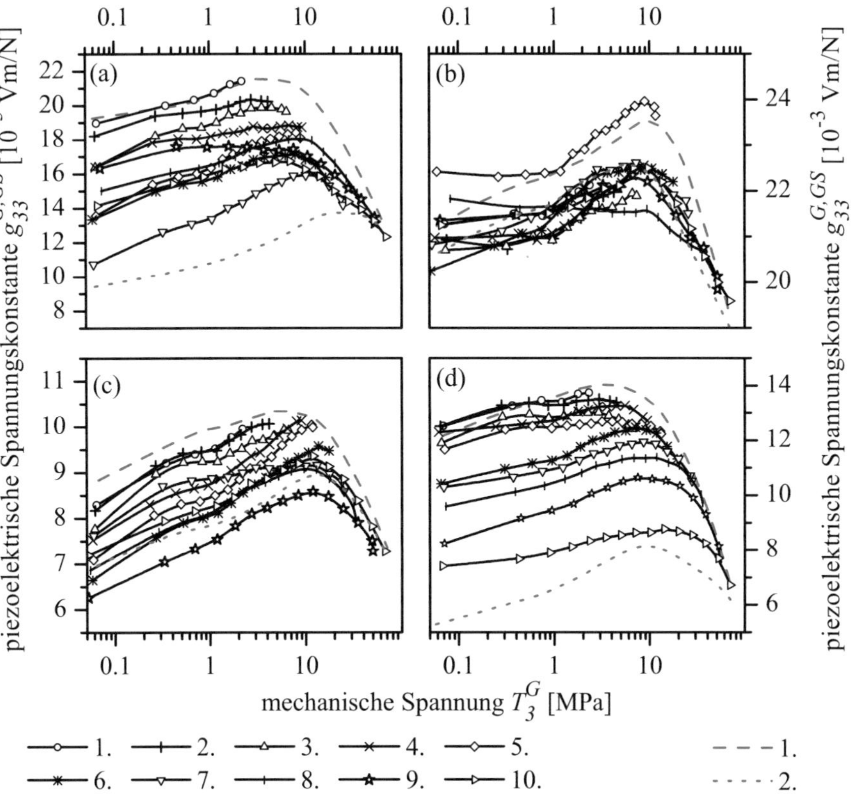

Abb. 6.16: Verlauf der piezoelektrischen Spannungskonstante $g_{33}^{G,GS}$ im Großsignalbetrieb bei steigender Belastung: (a) PIC255 [64] (Gruppe II), (b) APC 880 [87] (Gruppe III), (c) PIC110 [64] (Gruppe IV) und (d) PIC153 [64] (Gruppe VI). Gestrichelte Linien: Messung nach Abschnitt 4.2, Volllinien: Messung nach Abschnitt 6.3.4a.

Für langzeitstabile Eigenschaften von Generatoren ist es vorteilhaft, ferroelektrisch harte Werkstoffe zu verwenden, da hier keine nennenswerten Degradationen stattfinden. Gleichzeitig tritt unter Last eine Erhöhung der elektromechanischen Aktivität auf. Ferroelektrisch weiche Werkstoffe sind nur dann einsetzbar, wenn die mechanischen Lasten klein sind und entsprechende Vorkehrungen bezüglich Fehl- und Überlastung getroffen werden. Die Abbildung 6.17 zeigt die Einsatzbereiche der Werkstoffe der Gruppen I/III, II, IV und VI für piezoelektrische Generatoren. Ab einer Gesamtbelastung von mehr als 20 MPa können nur noch

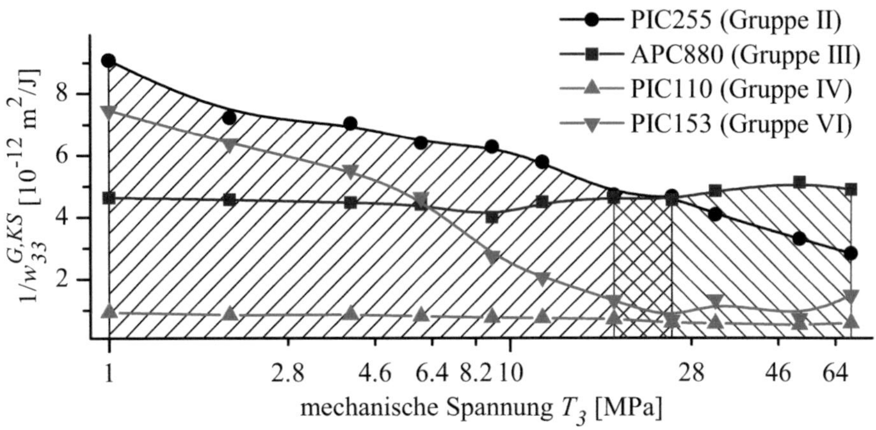

Abb. 6.17: Piezoelektrische Energiedichtekonstante $1/w_{33}^{G,KS}$ bei unterschiedlichen mechanischen Belastungen (Daten aus Abschnitt 6.3.4b).

ferroelektrisch harte Werkstoffe einen effizienten und langzeitstabilen Betrieb sicherstellen. Werkstoffe der Gruppe VI sind für piezoelektrische Generatoren ungeeignet.

Aus den dargestellten Ergebnissen lassen sich die Anforderungen für neu zu entwickelnde Werkstoffe für piezoelektrische Generatoren mit besseren Eigenschaften ableiten. Diese sollten neben einer hohen piezoelektrischen Ladungskonstanten g_{33}^G und Spannungskonstanten g_{33}^G eine geringe Degradation und eine konstante relative Permittivität $\epsilon_{33}^T/\epsilon_0$ bei hoher mechanischer Last aufweisen. Da diese Eigenschaften teilweise gegenläufig sind, muss entsprechend der Höhe der mechanischen Belastung ein Kompromiss gefunden werden.

6.4 Piezoelektrische Generatoren

Die Umwandlung mechanischer Energie in elektrischer Energie findet ausschließlich im piezoelektrischen Werkstoff statt. Eine optimale Werkstoffauswahl erlaubt eine maximale Ausbeute an elektrischer Energie. Weitere relevante Einflussgrößen für einen optimalen Energietransfer in piezoelektrischen Generatorsystemen sind:

1. optimale Energieeinkopplung in den piezoelektrischen Werkstoff durch mechanische Impedanzanpassung über mechanische Umformer (vergleiche Abschnitt 2),
2. Bemessung des piezoelektrischen Wandlerelementes, d.h. optimale Auslegung der Geometriekennwerte l_{mech}, l_{el}, A_{mech} und A_{el},
3. optimale Energieentnahme und Weiterleitung zur Senke mittels Anpassung der elektrischen Impedanz durch angeschlossene elektrische Netzwerke.

Im folgenden werden ausgewählte Aspekte der Herstellung und Bemessung piezoelektrischer Wandlerelemente und der elektrischen Beschaltung diskutiert.

6.4.1 Bemessung und Herstellung

Im Abschnitt 2.5 wurde der Einfluss der Herstellungstechnologien auf die Leistungskennwerte piezoelektrischer Generatoren beschieben. Für eine optimale Arbeitsweise müssen die Geometriekennwerte l_{mech} und l_{el} sowie A_{mech} und A_{el} sinnvoll festgelegt werden. Das mechanische Volumen, definiert durch die mechanische Fläche A_{mech} und die mechanische Länge l_{mech}, legt die Höhe des Energieeintrages fest. Dabei muss die mechanische Belastung begrenzt werden, um eine Degradation der Werkstoffeigenschaften zu verhindern (Abschnitt 6.3). Das elektrische Volumen, gegeben durch die elektrische Fläche A_{el} und die elektrische Länge l_{el}, bestimmt neben den Werkstoffeigenschaften die Höhe der entnehmbaren elektrischen Energie. Durch Stapel aus mehreren Schichten sind auch ganzzahlige Vielfache der elektrischen Fläche A_{el} bei gleichzeitiger Reduktion der elektrischen Länge l_{el} möglich (Abschnitt 2.5). Hierbei wird nur das Strom/Ladungs-Spannungs-Verhältnis angepasst. Davon bleibt aber das Energiewandlungsverhältnis unbeeinflusst.

Für die weiteren Betrachtungen ist es sinnvoll, statt der bisher verwendeten Feldgrößen die integralen Größen zu verwenden (Abschnitt 3.3.2). Nutzt man dabei noch die Größen Auslenkung ξ und Ladung Q statt der Geschwindigkeit v und des Stromes i, verschwindet die Frequenzabhängigkeit aus Gleichung (3.15). Die elektrische Randbedingung für den piezoelektrischen Generator bestimmt sich aus Gleichung (6.3):

$$Q^G = C_{Last} \cdot U^G \,. \tag{6.27}$$

Da die Gleichung (3.15) aus der Gleichung (3.10) abgeleitet wurde, ist mit vergleichbaren Ergebnissen wie in Abschnitt 6.2 zu rechnen. Die resultierende elektrische Spannung U^{FEG} eines kraftgetriebenen Generators ergibt sich zu

$$U^{FEG} = \frac{d}{A_{mech} \cdot \left(\frac{C_{Last}}{A_{el}} + \frac{\epsilon^T}{l_{el}} \right)} \cdot F = \frac{d \cdot A_{el}}{A_{mech} \cdot \left(C_{Last} + C_f \right)} \cdot F \tag{6.28}$$

und die Ladung Q^{FEG} zu

$$Q^{FEG} = \frac{d}{A_{mech} \cdot \left(\frac{1}{A_{el}} + \frac{\epsilon^T}{C_{Last} \cdot l_{el}} \right)} \cdot F = \frac{d \cdot A_{el}}{A_{mech} \cdot \left(1 + \frac{C_f}{C_{Last}} \right)} \cdot F. \tag{6.29}$$

Die Verläufe von U^{FEG} und Q^{FEG} als Funktion des Verhältnisses C_{Last}/C_f entsprechen Abbildung 6.4. Die abgegebene elektrische Energie $W^{FEG}_{el,abgeg.}$ berechnet sich aus den Gleichungen (6.28) und (6.29):

$$W^{FEG}_{el,abgeg.} = \frac{1}{2} \cdot Q^{G,F} \cdot U^{G,F} = \frac{1}{2} \cdot \left(\frac{d \cdot A_{el}}{A_{mech}} \right)^2 \cdot \frac{1}{C_{Last} \cdot \left(1 + \frac{C_f}{C_{Last}} \right)^2} \cdot F^2, \tag{6.30}$$

während für die aufgeprägte mechanische Energie W^{FEG}_{mech} gilt:

$$W^{FEG}_{mech} = \frac{1}{2} \cdot F^G \cdot \xi^G = \frac{1}{2} \cdot \left(s^E - \frac{d^2 \cdot A_{el}}{l_{el} \cdot (C_{Last} + C_f)} \right) \cdot \frac{l_{mech}}{A_{mech}} \cdot F^2. \tag{6.31}$$

Die qualitativen Verläufe von $W^{FEG}_{el,abgeg.}$ und W^{FEG}_{mech} wurden bereits in Abbildung 6.5 gezeigt. Die Gleichungen (6.28) bis (6.31) zeigen den Einfluss der geometrischen Kennwerte auf die Leistungsfähigkeit piezoelektrischer Generatoren.

Diese Ausführungen bezüglich Generatoren mit aufgeprägter Kraft können auch auf piezoelektrische Generatoren mit aufgeprägter Deformation übertragen werden (Abschnitt 6.2.2).

Zusammenfassend lässt sich feststellen:

- Die Leistungskenndaten piezoelektrischer Generatoren mit einfacher Geometrie, wie zum Beispiel in Abbildung 3.1 gezeigt, sind mit den Gleichungen (6.28) bis (6.31) einfach berechenbar.

- Für piezoelektrische Generatoren mit komplizierter Geometrie und mechanischen Umformern (siehe z.B. Abbildung 2.3) müssen die Größen Kraft F^G, Auslenkung ξ^G, elektrische Spannung U^G und Ladung Q^G durch Messungen oder FE-Simulationen bestimmt werden, um daraus die Leistungskenndaten zu berechnen.
- Eine weitere Optimierung piezoelektrischer Generatorsysteme durch geometrische Anpassungen ist möglich, ohne aber dabei das Energiewandlungsverhältnis des Werkstoffs beeinflussen zu können.

6.4.2 Wechsellastverhalten

Piezoelektrische Generatoren werden in einer Reihe von Anwendungen durch mechanische Wechselfelder angetrieben [44]. Durch Resonanzeffekte lässt sich eine höhere Energieausbeute erreichen [46]. Der zyklische Wechsel zwischen potentieller und kinetischer Energie bei phasengleicher Erregung führt zu deutlich höheren Deformationen im piezoelektrischen Werkstoff. Die größere mechanische Energie bewirkt eine größere entnehmbare elektrische Energie. Der Energieumwandlungsgrad, d.h. der Koppelfaktor des piezoelektrischen Werkstoffes, bleibt dabei aber unverändert. Mit den Schlussfolgerungen aus Abschnitt 6.2 lassen sich sehr einfach die Anforderungen an die dynamische Erregung ableiten. In diesem Fall sind die frequenzabhängigen integralen Größen gemäß Gleichung (3.15) von Vorteil. Die elektrische Randbedingung ergibt sich dabei aus dem Lastwiderstand R_{Last}, über dem die elektrische Leistung „verbraucht" wird:

$$\underline{i}^G = \frac{\underline{u}^G}{R_{Last}}. \tag{6.32}$$

Mit dieser Gleichung (6.32) und dem Gleichungssystem (3.15) lassen sich die Gleichungen gemäß Abschnitt 6.4.1 herleiten. Aufgrund der großen Ähnlichkeit des Vorgehens wird an dieser Stelle darauf verzichtet. Der optimale Lastwiderstand R_{Last} berechnet sich zu

$$R_{Last} = \left| \frac{1}{j \cdot \omega \cdot C_{Piezo}} \right|, \tag{6.33}$$

wobei für krafterregte Generatoren $C_{Piezo} = C_f$ (Abschnitt 6.2.1) und Generatoren mit aufgeprägter Deformation $C_{Piezo} = C_b$ (Abschnitt 6.2.2) gilt. In diesem Fall

sind die eingebrachte mechanische und die entnommene elektrische Leistung phasengleich.
Die zu erwartenden Ströme sind sehr gering und liegen im Bereich von zehn bis einigen hundert μA. Für derart kleine Wechselströme existieren zurzeit keine technischen Anwendungen, so dass eine Gleichrichtung und Speicherung vorteilhaft sind. Dadurch erreicht man eine zeitliche Entkopplung von Generation und Verbrauch der elektrischen Energie.

6.4.3 Gleichspannungsverhalten

Das Gleichrichten von Wechselspannungen erfolgt häufig mit einem Brückengleichrichter (Abbildung 6.18a), aber auch andere Gleichrichtertopologien sind denkbar [143]. Durch die Dioden verhält sich die Schaltung (Abbildung 6.18a) nichtlinear. Das schränkt die Verwendbarkeit analytischer Simulationsmethoden für die Berechnung des Systemverhaltens deutlich ein. Daher bietet es sich an, die Schaltungskomponenten piezoelektrischer Generatoren mit Brückengleichrichter zu einer equivalenten Ersatzschaltung, bestehend aus einer Gleichspannungsquelle U_{DC} und einen Innenwiderstand, umzuwandeln (Abbildung 6.18b). In erster Näherung kann man für ideale Dioden eine Flussspannung $U_F = 0$ V und einen Sperrstrom $I_R = 0$ A annehmen. Die Spannung U_{DC} ergibt sich im Leerlauf aus der

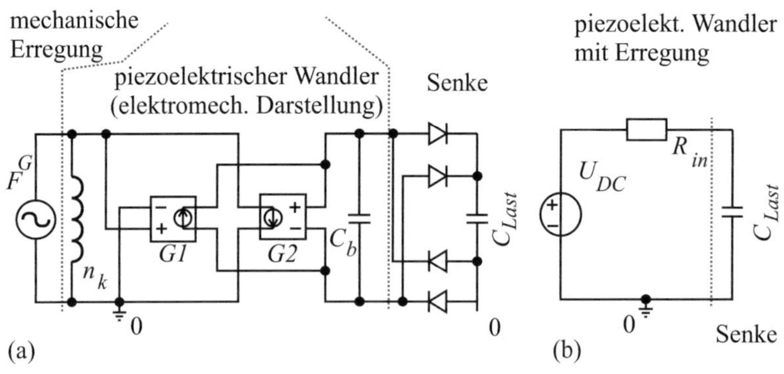

Abb. 6.18: (a) Typische Schaltungsanordung eines piezoelektrischen Generators mit Brückengleichrichter und Speicherkondensator sowie (b) Gleichstromersatzschaltbild

gleichgerichteten Wechselspannung mit der Amplitude $\widehat{u}$ des piezoelektrischen Generators und der elektrischen Randbedingung Leerlauf (Abschnitt 6.4.1):

$$U_{DC} = |\underline{u}| = \frac{d \cdot l_{el}}{\epsilon^T \cdot A_{mech}} \cdot |\underline{F}| = g^T \cdot \frac{l_{el}}{A_{mech}} \cdot |\underline{F}| \,. \tag{6.34}$$

Der Kurzschlussgleichstrom I_{DC} berechnet sich aus dem Gleichrichtstrom des Wechselstromes $\underline{i}$:

$$I_{DC} = \frac{2}{\pi} \cdot |\underline{i}| = \frac{2}{\pi} \cdot \left| \frac{j\omega \cdot d \cdot A_{el}}{A_{mech}} \cdot \underline{F} \right| . \tag{6.35}$$

und ist von der Erregerfrequenz abhängig. Der Faktor $2/\pi$ ergibt sich aus der Schaltungsanordnung mit Brückengleichrichter (Abbildung 6.18a) [6].
Aus der Gleichspannung U_{DC} und dem Kurzschlussgleichstrom I_{DC} kann unter Berücksichtigung der Gleichung (6.33) der Innenwiderstand R_{in} der Quelle berechnet werden:

$$R_{in} = \frac{U_{DC}}{I_{DC}} = \frac{\pi}{2} \cdot \frac{l_{el}}{j\omega \cdot \epsilon^T \cdot A_{el}} = \frac{\pi}{2} \cdot \frac{1}{j\omega \cdot C_b} . \tag{6.36}$$

Der frequenzabhängige Innenwiderstand der Ersatzquelle des piezoelektrischen Generators entspricht der Kapazität des Wandler und ist werkstoffseitig durch die relative Permittivität ϵ^T/ϵ_0 repräsentiert. Die Gleichung (6.36) zeigt auch, dass ein niedriger Innenwiderstand R_{in} des piezoelektrischen Generators geometrisch nur über große elektrische Flächen A_{el} und kleinen Elektrodenabständen l_{el}, d.h. große piezoelektrische Elemente, erreicht werden kann. Gleichzeitig sollte der Betrieb bei hohen Frequenzen erfolgen. Große piezoelektrische Elemente und hohe Frequenzen widersprechen einander [26], so dass der Innenwiderstand piezoelektrischer Generatoren prinzipbedingt hoch ausfällt.
Das Aufladen eines Speicherkondensators ist für praktische Anwendungen von hoher Relevanz, weil die geringen Energiemengen piezoelektrischer Generatoren aufgesammelt und dann für kurze Zeit mit hoher Leistung der Nutzelektronik (Senke) zugeführt werden (Abschnitt 2.5). Die Zeitkonstante τ des Generatorsystem bestimmt sich aus:

$$\tau = R \cdot C_{Last} = \frac{\pi}{2 \cdot j\omega} \cdot \frac{C_{Last}}{C_b} . \tag{6.37}$$

Der Zusammenhang zwischen relativer Permittivität $\epsilon_{33}^T/\epsilon_0$ und Zeitkonstante τ entsprechend Gleichung (6.37) ist in Abbildung 6.19 dargestellt. Die gemessenen Zeitkonstanten τ sind Anschnitt 5.3.5 entnommen und die simulierten Zeitkonstanten τ mit dem elektromechanischen Modell aus Abbildung 6.18a unter Verwendung der Werkstoffkenndaten aus Anhang A berechnet worden. Abbildung 6.19 zeigt eine eindeutige Abhängigkeit zwischen der relativen Permittivität $\epsilon_{33}^T/\epsilon_0$ und der Zeitkonstanten τ. Dieser Zusammenhang erklärt auch das Absenken der gemessenen Zeitkonstanten τ nach hoher mechanischer Belastung (Abschnitt 5.3.5), da gleichzeitig eine Erhöhung der relativen Permittivität $\epsilon_{33}^T/\epsilon_0$ nachgewiesen wurde (Abschnitt 5.2.2).

Starke Abweichungen vom linearen Zusammenhang in Abbildung 6.19 traten nur bei sehr hohen Zeitkonstanten $\tau \gg 0{,}2$ s oder sehr niedrigen Zeitkonstanten $\tau \ll 0.05$ s und dabei auch nur für gemessene Werte auf. Dies bestätigt die Vorhersagen aus den Abschnitten 5.3.5 und 4.4.2, bei denen messtechnisch bedingt sehr kleine oder sehr hohe Zeitkonstanten nur ungenau erfasst werden können.

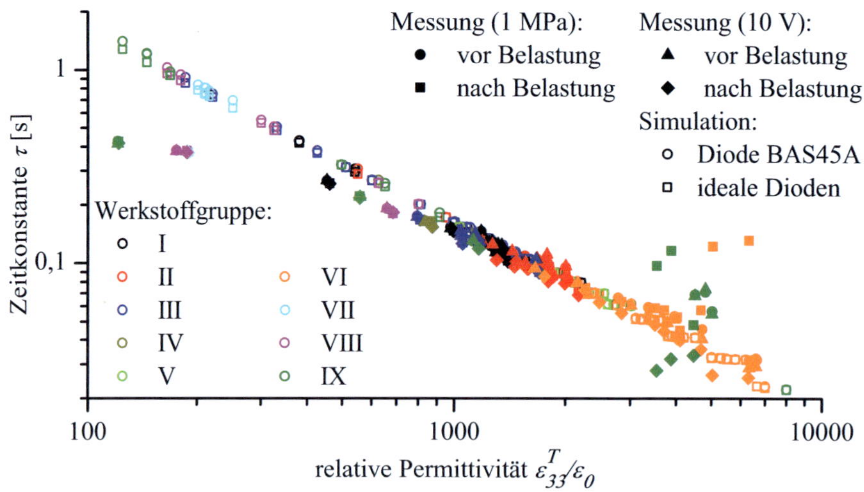

Abb. 6.19: Berechnete und gemessene Zeitkonstanten τ als Funktion der relativen Permittivität $\epsilon_{33}^T/\epsilon_0$ piezoelektrischer Werkstoffe.

Damit zeigt sich, dass sowohl mit Hilfe

1. von Werkstoff- und Geometriekennwerten,
2. von Messungen im Leerlauf und im Kurzschluss als auch
3. von Berechnung mittels FEM-Simulationen

das Ladeverhalten eines elektrischen Speichers (Kondensator) mit einem piezoelektrischen Generator recht genau abgeschätzt werden kann. Für mechanisch komplexe piezoelektrische Generatoren, z.B. Biegewandlerstrukturen, ist die Möglichkeit attraktiv, dies allein auf Basis einfacher Leerlauf- und Kurzschlussmessungen zu machen.

Als Beispiel für letzteres soll der piezoelektrische Generator aus Abbildung 2.2 [44] dienen. In einem Laborversuch wurden die Amplituden der Leerlaufspannung $|\underline{u}|$ und des Kurzschlussstromes $|\underline{i}|$ sowie für Vergleichszwecke die Zeitkonstante $\tau_{gem.}$ gemessen. Daraus ließ sich mit den Gleichungen (6.34) bis (6.37), die Leerlaufgleichspannung U_{DC}, der Gleichrichtstrom I_{DC}, der Innenwiderstand R_{in} der Quelle und die Zeitkonstante $\tau_{ber.}$ berechnen (Tabelle 6.5).

Die Zeitkonstanten $\tau_{gem.}$ und $\tau_{ber.}$ stimmen gut überein. Die geringen Unterschiede zwischen beiden Werten ergeben sich aus der Annahme idealer Dioden bei der Berechnung.

Die Kenntnis der Zeitkonstante τ eines piezoelektrischen Generatorsystems, bestehend aus Wandler, Gleichrichter und Speicherkondensatoren, ist von hoher Relevanz für die Auslegung der Nutzelektronik (Senke). Sie beschreibt, welche Energie im Zeitintervall gesammelt werden kann, so dass jederzeit genügend Energie für die Erfüllung bestimmter Funktionen zur Verfügung steht.

Tab. 6.5: Gemessene und berechnete Kennwerte des piezoelektrischen Generators nach [44]

gegeben		gemessene Werte			berechnete Werte			
f [Hz]	C_{Last} [μF]	$\lvert\underline{u}\rvert$ [V]	$\lvert\underline{i}\rvert$ [μA]	$\tau_{gem.}$ [s]	U_{DC} [V]	I_{DC} [μA]	R_{DC} [kΩ]	$\tau_{ber.}$ [s]
541	10	10,9	64,8	2,47	10,9	41,2	263	2,63

6.4.4 Energieanpassung

In Abschnitt 6.2 ist beschrieben, dass der optimale Energietransfer bei piezoelektrischen Werkstoffen nur bei angepasster Lastimpedanz stattfindet. In der Energietechnik hingegen wird im Allgemeinen eine Spannungsanpassung angestrebt, d.h. die Generatorimpedanz muss deutlich kleiner als die Lastimpedanz sein [6]. Vorteilhafterweise erreicht man dadurch zusätzlich einen über weite Bereiche spannungsunabhängigen Ausgangsstrom. Aufgrund der hohen elektrischen Impedanz ist die Spannungsanpassung für piezoelektrische Generatoren nicht anwendbar. Die angestrebte Lastanpassung lässt sich nur durch zusätzliche Schaltungskomponenten erreichen, z.B. durch getaktete Schaltregler [44].

Kapitel 7

Zusammenfassung und Ausblick

Festkörpergeneratoren stellen einen innovativen Ansatz zur dezentralen Erzeugung elektrischer Energie dar. Hierbei nutzt man gezielt lokal verfügbare nichtelektrische Energien der Umwelt, wie Wärme, Licht oder mechanische Bewegungen, aus. Die Prinzipien der Energieumwandlung beruhen auf den besonderen Werkstoffeigenschaften. Diese Festkörpereffekte begünstigen die Bereitstellung elektrischer Energie ohne mechanisch bewegte Teile [13]. Dies ist besonders für Generatoren mit hohen Anforderungen an die Lebensdauer von großem Vorteil. Bei den hier untersuchten piezoelektrischen Generatoren tritt eine elastische Deformation des Festkörpers auf. Nutzbar sind diese geringen Mengen elektrischer Energie zum Beispiel in energieautarken, funkvernetzten Sensoren [44].

Derzeit sind mehr als 500 verschiedene Kompositionen bekannt, die piezoelektrische Eigenschaften aufweisen [50]. Aus diesem breiten Angebot erlangten aber nur sehr wenige Werkstoffe, hauptsächlich die mit sehr hohen elektromechanischen Koppelfaktoren, eine kommerzielle Bedeutung. Bekannteste Vertreter sind die ferroelektrischen Piezoelektrika auf Basis von PZT, von denen nur wenige speziell für den Einsatz in piezoelektrischen Generatoren optimiert wurden. An diesem Punkt setzt diese Arbeit mit der Zielstellung an, kommerziell verfügbare Werkstoffe für Generatoranwendungen umfassend zu charakterisieren und zu bewerten. Dieser Lösungsansatz ist neu und hebt sich deutlich von den Beurteilungen einzelner Werkstoffe aus dem Stand der Technik ab.

Die Energiewandlung basiert auf der Änderung der inneren Polarisation aufgrund der Deformation des Ionenkristalls, die zu einer Änderung der Anzahl von Kompensationsladungen an der Oberfläche führt. In technisch relevanten Werkstoffen, den ferroelektrischen Piezoelektrika, kommt es zu einer Überlagerung von zwei Effekten. Der lineare Anteil, charakterisiert durch Reversibilität und einem bedeutenden Anteil an der Energiewandlung, wird durch die Verschiebung der Ionen zueinander im Kristall hervorgerufen. Der nichtlineare Anteil beruht auf der spontanen Änderung der Polarisationsrichtung aufgrund von Domänenwandbewegungen. Diese können reversibel sein, was ein weiteren Beitrag zur Energiewandlung darstellt, aber auch irreversibel sein, was zu einer Degradation der Werkstoffe führt. Daher dienen in dieser Arbeit die Fähigkeit der Energiewandlung und die lastabhängige Degradation als maßgebliche Kriterien der Werkstoffbewertung. Das ist ein neuer Ansatz, da im Stand der Technik beide Charakteristika bisher nur getrennt untersucht wurden.

Für theoretische Überlegungen finden die Kenndaten der Hersteller Anwendung. Somit ist gewährleistet, dass alle technisch relevanten und kommerziell verfügbaren Werkstoffe berücksichtigt wurden. Diese Arbeit nimmt eine Einteilung der Werkstoffe auf Basis bekannter Normen [113, 114, 89] in neun Gruppen vor. Für die messtechnische Charakterisierung wurden 47 kommerzielle Werkstoffe verschiedener Hersteller mit dem Ziel beschafft, dass für jede Gruppe mindestens ein typischer Vertreter zur Verfügung steht. Das Hauptaugenmerk der praktischen Untersuchungen lag auf der dynamisch mechanischen Belastung von 1 Hz bis 70 Hz, die typischen Anwendungsszenarien entspricht. Dabei wurde die mechanische Last schrittweise von 0,05 MPa bis 70 MPa erhöht, um auch die Degradation der Werkstoffe zu erfassen. Damit liegen erstmalig umfangreiche und detaillierte Messungen zum Verhalten piezoelektrischer Werkstoffe im Generatorbetrieb vor.

Als Ergebnis der messtechnischen Charakterisierung stehen die Kennwerte der elektrischen Impedanz, d.h. die planaren Frequenzkonstanten $N_{P,r}$ bzw. $N_{P,a}$ für Resonanz- sowie Antiresonanzfrequenz, die relative Permittivität $\epsilon_{33}^{T}/\epsilon_0$ und der planare Koppelfaktor k_P, sowie die Klein- und Großsignalwerte der piezoelektrischen Ladungskonstante d_{33}^{G} und der piezoelektrischen Spannungskonstante g_{33}^{G}, für dynamisch-mechanische Belastung zur Verfügung. In Anlehnung an typische Anwendungsszenarien wurde auch der Einfluss des piezoelektrischen Generators auf das Ladeverhalten eines Speicherkondensators untersucht. Die Kennwerte aus dem Standardverfahren - Messen der elektrischen Impedanz - erlauben einen

Vergleich mit Werkstoffuntersuchungen aus dem Stand der Technik. Die Klein- und Großsignalwerte der piezoelektrischen Ladungskonstante d_{33}^G und der piezoelektrischen Spannungskonstante g_{33}^G im Generatorbetrieb für die untersuchten 47 Werkstoffe sind erstmalig ermittelt und bilden die Basis der Bewertung. Besonders hohe Relevanz für praktische Anwendungen hat die in dieser Arbeit eingeführte piezoelektrische Energiedichtekonstante $1/w_{33}^T$, das Produkt aus piezoelektrischen Ladungskonstante d_{33}^G und der piezoelektrischen Spannungskonstante g_{33}^G.

Die Einteilung der Werkstoffe gemäß den Normen erweist sich auch für die Betrachtung piezoelektrischer Generatoren als vorteilhaft. So konnten im Rahmen dieser Arbeit Gruppen identifiziert werden, deren Werkstoffe Eigenschaften aufweisen, die für die hier betrachtete technische Anwendung nützlich sind. Die ferroelektrisch weichen Werkstoffe der Gruppe II besitzen die höchste elektromechanische Kopplung, die die ergiebigste Energieumwandlung zulassen. Das gilt bis zu einer dynamisch mechanischen Spannung von $T_3 = 20$ MPa. Für höhere Lasten nimmt die Degradation der Eigenschaften eine Größenordnung an, bei der die Fähigkeit der Energiewandlung so stark abnimmt, dass Werkstoffe anderer Gruppen eine höhere Effizienz aufweisen. Dazu zählen die ferroelektrisch harten Werkstoffe der Gruppen I und III, die auch nach hoher mechanischer Belastung nahezu keine Änderungen der Eigenschaften aufweisen. Diese Werkstoffe zeigen aber im Vergleich zur Gruppe II eine geringere Fähigkeit der Energiewandlung. Sinnvollerweise fasst man bei der Betrachtung piezoelektrischer Generatoren die beiden Gruppen I und III zusammen.

Die Ergebnisse zeigen auch, dass die Werkstoffe der übrigen Gruppen für die Anwendung in piezoelektrischen Generatoren weniger geeignet sind. Als Hauptgründe seien die geringe Fähigkeit der Energiewandlung für die Gruppen IV, VII und VIII sowie die geringe Widerstandsfähigkeit gegen Degradation infolge hoher mechanischer Lasten für die Gruppen IV, V und VI zu nennen. In der Gruppe IX, zu der Sonderwerkstoffe wie ferroelektrische Einkristalle auf Basis von PMN-PT mit einer sehr hohen elektromechanischen Kopplung und bleifreie Werkstoffe gehören, konnten ebenso keine technisch relevanten Werkstoffe für den Einsatz in piezoelektrischen Generatoren identifiziert werden.

Zusammenfassend kann gesagt werden, dass für piezoelektrische Generatoren ausschließlich ferroelektrisch weiche (Gruppe II) bzw. harte (Gruppen I und III)

Werkstoffe in Frage kommen. Die Auswahl ergibt sich aus den zu erwartenden mechanischen Lasten. Die Ergebnisse dieser Arbeit zeigen darüber hinaus, dass die Eigenschaften der Werkstoffe innerhalb einer Gruppe sehr ähnlich sind und einen linearen Zusammenhang zwischen der Nachgiebigkeit s_{33}^{E}, relativer Permittivität $\epsilon_{33}^{T}/\epsilon_0$ und piezoelektrischer Ladungskonstante d_{33} aufweisen. Diese Besonderheiten der Gruppen kann in der Entwicklung piezoelektrischer Generatoren nutzbringend eingesetzt werden. Für eine Konzeptentwicklung lässt sich durch Mittelwertbildung ein gruppenspezifisches Werkstoffprofil ableiten. In der anschließenden Detaillierungsphase mit konkreter Werkstoffauswahl nutzt man die lineare Abhängigkeit der Eigenschaften für eine Optimierungsrechung. Dabei werden die drei relevanten Werkstoffkennwerte durch nur einen Parameter abgebildet. Beide, in dieser Arbeit abgeleiteten, gruppenspezifischen Besonderheiten vereinfachen den Designprozess deutlich.

Neben der belastungsabhängigen Degradation der elektromechanischen Kopplung wurde im Rahmen dieser Arbeit die Änderung der relativen Permittivität $\epsilon_{33}^{T}/\epsilon_0$ als kritisch identifiziert. Nahezu alle Werkstoffe reagieren mit einer Steigerung nach hoher mechanischer Belastung. Die Folge ist, dass die piezoelektrische Spannungskonstante g_{33} und die piezoelektrische Energiedichtekonstante $1/w_{33}^{T}$ einer summarisch stärkeren Degradation unterliegen. Das gilt es bei der Werkstoffauswahl zusätzlich zu beachten.

Die Ergebnisse dieser Arbeit erlauben dem Entwickler von piezoelektrischen Generatoren eine fundierte und anwendungsgerechte Auswahl der Wandlerwerkstoffe während des gesamten Designprozesses. Durch die hohe Anzahl der charakterisierten kommerziell verfügbaren Werkstoffe liegen konkrete Messdaten vor, die bei der Entscheidungsfindung hilfreich sind.

Weiterführende Untersuchungen sind bezüglich des Temperaturverhaltens und der Langzeitstabilität unter typischen Belastungen piezoelektrischer Generatoren notwendig. Vorteilhafterweise erlaubt diese Arbeit bereits jetzt eine deutliche Einschränkung der zu untersuchenden Werkstoffe, so dass der Aufwand der genannten zeitintensiven Messungen deutlich reduziert werden kann.

Für die Entwicklung spezieller Werkstoffe für piezoelektrische Generatoren wird vorgeschlagen:

- Erhöhung der Widerstandsfähigkeit gegen irreversible Domänenwandbewegungen bei ferroelektrisch weichen Werkstoffen,
- Verringerung der Neigung zur Erhöhung der Permittivität nach hoher mechanischer Belastung und
- Steigerung der Fähigkeit der Energiewandlung.

Besonders in Hinblick auf zukünftige gesetzliche Bestimmungen [68] ist die rechtzeitige Aufnahme dieser speziellen Anforderungen an neue bleifreie Werkstoffe von großem Vorteil.

Literaturverzeichnis

[1] NOACK, F.: *Einführung in die elektrische Energietechnik.* Fachbuchverlag Leipzig im Carl-Hanser-Verlag, München and Wien, 2003.

[2] N.N.: *Kraftwerke und Verbundnetze in Deutschland*, Umweltbundesamt, http://www.umweltbundesamt.de (letzter Zugriff: 15.07.2013), 2013.

[3] KHALIGH, A. und O.C. ONAR: *Energy harvesting: solar, wind, and ocean energy conversion systems.* Taylor & Francis, 2010.

[4] SCHAUMANN, G.: *Kraft-Wärme-Kopplung.* Springer, Berlin and Heidelberg, 4. Auflage, 2010.

[5] ALLELEIN, H.-J.: *Energietechnik: Systeme zur Energieumwandlung.* Vieweg + Teubner, Wiesbaden, 5. Auflage, 2010.

[6] ELSCHNER, H.: *Grundlagen der Elektrotechnik, Elektronik.* Verlag Technik, Berlin, 1992.

[7] ROUNDY, S., P. K. WRIGHT und J. M. RABAEY: *Energy Scavenging for Wireless Sensor Networks: With special focus on vibrations.* Kluwer Academic Publishers, Boston, 2004.

[8] FINKENZELLER, K.: *RFID handbook: Fundamentals and Applications in Contactless Smart Cards, Radio Frequency Identification and Near-Field Communication.* Wiley-Blackwell, Oxford, 3. Auflage, 2010.

[9] DAY, A. C., W. E. HORNE und M. D. MORGAN: *Application of the GaSb solar cell in isotope-heated power systems.* IEEE Photovoltaic Specialists Conference vol.2, Seiten 1320–1325, 1990.

[10] Smith, A. A.: *Radio Frequency Principles and Applications: The Generation, Propagation, and Reception of Signals and Noise.* IEEE Press, New York, 1998.

[11] Olsen, L. C.: *Review of betavoltaic energy conversion.* In: *12th Space Photovoltaic Research and Technology Conference (SPRAT 12)*, Seiten 256–267, 1993.

[12] Rowe, D. M.: *CRC Handbook of Thermoelectrics.* CRC Press, Boca Raton, 1995.

[13] Matson, D. L., L. J. Spilker und J.P. Lebreton: *The Cassini/Huygens mission to the saturnian system.* Space Science Reviews, 104(1/4):1–58, 2002.

[14] Adly, A., D. Davino, A. Giustiniani und C. Visone: *Experimental tests of a magnetostrictive energy harvesting device toward its modeling.* Journal of Applied Physics, 107(9):09A935–3, 2010.

[15] Bian, L., Y. Wen, P. Li, Q. Gao und M. Zheng: *Magnetoelectric transducer with high quality factor for wireless power receiving.* Sensors and Actuators A: Physical, 150(2):207–211, 2009.

[16] Wesselak, V. und S. Voswinckel: *Photovoltaik: Wie Sonne zu Strom wird.* Springer Verlag, Berlin und Heidelberg, 2012.

[17] Green, M. A., K. Emery, Y. Hishikawa, W. Warta und E. D. Dunlop: *Solar cell efficiency tables (version 41).* Progress in Photovoltaics: Research and Applications, 21(1):1–11, 2013.

[18] Gilbert, J.M. und F. Balouchi: *Comparison of energy harvesting systems for wireless sensor networks.* International Journal of Automation and Computing, 5(4):334–347, 2008.

[19] Lenk, A., G. Pfeifer und R. Werthschützky: *Elektromechanische Systeme: Mechanische und akustische Netzwerke, deren Wechselwirkungen und Anwendungen.* Springer Verlag, Berlin, 2001.

[20] Rödig, T., A. Schönecker und G. Gerlach: *A survey on piezoelectric ceramics for generator applications.* J. Am. Ceram. Soc., 93(4):901–912, 2010.

[21] Wirth, H.: *Aktuelle Fakten zur Photovoltaik in Deutschland*, http://www.pv-fakten.de (letzter Zugriff: 22.08.2013), 2013.

[22] CURIE, J. und P. CURIE: *Developpement, par pression, de l'electricite polaire dans les cristaux hemiedres a faces inclinees.* C.R. Acad. Sci., Paris, (91):294–295, 1880.

[23] LIPPMANN, G. J.: *Principe de la conservation de l'électricité ou second principe de la théorie des phénomènes électriques.* Annales de Chimie et de Physique, (24):145–177, 1881.

[24] VOIGT, W.: *Lehrbuch der Kristallphysik: (mit Ausschluss der Kristalloptik).* B. G. Teubner, Leipzig, 1. Auflage, 1910.

[25] LANGEVIN, P.: *Procédé et appareils d'émission et de réception des ondes élastiques sous-marines à l'aide des propriétés piézo-électriques du quartz*, Patent 505.703, Frankreich, 1918.

[26] MASON, W. P.: *Piezoelectric Crystals and Their Applications to Ultrasonics.* D. Van Nostrand, Princeton and New Jersery, 1950.

[27] HAERTLING, G. H.: *Ferroelectric ceramics: history and technology.* J. Am. Ceram. Soc., 82(4):797–818, 1999.

[28] DOREMUS, L. W.: *Charge release of several ceramic ferroelectrics under various temperature and stress conditions.* Proceedings of the IRE, 47(5):921–924, 1959.

[29] CRAWFORD, A. E.: *Use in ignition systems for internal combustion engines and explosive missiles.* Proceedings of the 3rd International Congress, Seiten 1226–1228, 1959.

[30] SCHRODER, J., H. G. GANSER und H. ÖPEN: *Piezoelectric ignition device*, U.S. Patent No 3 758 827, 1973.

[31] HELLWEGE, D.: *Piezoelektrische Zünder.* Feinwerktechnik + Messtechnik, (5):223–226, 1974.

[32] KOCH, J.: *Piezoxide (PXE): Eigenschaften und Anwendungen.* Valvo, Heidelberg, 1988.

[33] NICOLSON, A. M.L.: *Piezo-electric crystal transformer*, U.S. Patent No. 1 829 234, 1931.

[34] ROSEN, C. A., K. A. FISH und H. C. ROTHENBERG: *Piezoelectric transformer*, U.S. Patent No. 2 830 374, April 1954.

[35] UCHINO, K., B. KOC, P. LAORATANAKUL und A. V. CARAZO: *Piezoelectric transformers*. Ferroelectrics, 263(1):91–100, 2001.

[36] FUDA, Y., K. KUMASAKA, M. KATSUNO, H. SATO und Y. INO: *Piezoelectric transformer for cold cathode fluorescent lamp inverter*. Japanese Journal of Applied Physics, 36(Part 1, No. 5B):3050–3052, 1997.

[37] MOO, C. S., W. M. CHEN und H. K. HSIEH: *Electronic ballast with piezoelectric transformer for cold cathode fluorescent lamps*. Electric Power Applications, IEE Proceedings -, 150(3):278–282, 2003.

[38] LEDENBACH, G. W.: *A piezo powered IC transmitter*. IEEE Transactions on Consumer Electronics, 26(3):229–233, 1980.

[39] N.N.: *über die Typgenehmigung von Kraftfahrzeugen, Kraftfahrzeuganhängern und von Systemen, Bauteilen und selbstständigen technischen Einheiten für diese Fahrzeuge hinsichtlich ihrer allgemeinen Sicherheit*, Verordnung des europäischen Parlamentes und des Rates, Amtsblatt der Europäischen Union, 2009.

[40] SCHMITT, F.: *Wartungsfreie Funksensoren für Gebäudetechnik, Industrie und Automobiltechnik*. Proceedings of the 5th Wireless Technologies Congress, Sindelfingen, 2003.

[41] DIN-EN 8943-3: *Gestaltung von Schaltelementen*, Beuth Verlag, Berlin, 1995.

[42] HARROP, P. und R. DAS: *Harvesting and storage for electronic devices 2009–2019 - Electronic*, Marktstudie, 2009.

[43] N.N.: *Energy Harvesting Materials - The Road Ahead*, Frost and Sullivan, Marktstudie, 2009.

[44] SCHÖNECKER, A. und T. RÖDIG: *CoolSilicon: Leitprojekt 3 "Kabellose Sensoren für die Strukturüberwachung - CoolSensornet"; Teilvorhaben: Energiewandlermodul: Schlussbericht*. Fraunhofer IKTS, Dresden, 2012.

[45] SPIES, P.: *BMBF-Projekt "PIEZOEN" : öffentlicher Abschlussbericht*. Fraunhofer IIS, Erlangen, 2011.

[46] ERTURK, A. und D.J INMAN: *Piezoelectric Energy Harvesting*. Wiley, 2011.

[47] LAL, A., R. DUGGIRALA und L. HUI: *Pervasive power: A radioisotope-powered piezoelectric generator*. IEEE Pervasive Computing, 4(1):53–61, 2005.

[48] ALAMIN DOW, A. B., U. SCHMID und N. P. KHERANI: *Analysis and modeling of a piezoelectric energy harvester stimulated by beta-emitting radioisotopes*. Smart Materials and Structures, 20(11):115019, 2011.

[49] KITTEL, C.: *Einführung in die Festkörperphysik*. Oldenbourg Wissenschaftsverlag, 14. Auflage, 2006.

[50] FESENKO, E. G.: *Perovskite Family and Ferroelectricity*. Atomizdat, Moscow, 1972.

[51] TICHÝ, J. und G. H. GAUTSCHI: *Piezoelektrische Meßtechnik: Physikalische Grundlagen, Kraft-, Druck- u. Beschleunigungsaufnehmer, Verstärker*. Springer Verlag, Berlin, 1980.

[52] NEUBIG, B. und W. BRIESE: *Das grosse Quarz-Kochbuch: Quarze, Quarzoszillatoren, Quarz- und Oberflächenwellenfilter (SAW)*. Franzis, Feldkirchen, 1997.

[53] ZARKA, A., B. CAPELLE, J. DETAINT, D. PALMIER, E. PHILIPPOT und O.V ZVEREVA: *Studies of GaPO4 crystals and resonators*. In: *50th.Frequency Control Symposium, 1996, Proceedings of the 1996 IEEE International.*, Seiten 66–71. 1996.

[54] MALOCHA, D.C, H. FRANCOIS-SAINT-CYR, K. RICHARDSON und R. HELMBOLD: *Measurements of LGS, LGN, and LGT thermal coefficients of expansion and density*. IEEE Transactions on Ultrasonics, Ferroelectrics and Frequency Control, 49(3):350–355, 2002.

[55] SUSSNER, H. und K. DRANSFELD: *Der piezoelektrische Effekt in Polyvinyliden Fluorid und seine Anwendungen*. Colloid & Polymer Science, 257(6):591–602, 1979.

[56] XU, J., M. J. DAPINO, D. GALLEGO-PEREZ und D. HANSFORD: *Microphone based on Polyvinylidene Fluoride (PVDF) micro-pillars and patterned electrodes.* Sensors and Actuators A: Physical, 153(1):24–32, 2009.

[57] ATHENSTAEDT, H.: *Ferroelektrische und piezoelektrische Eigenschaften biologisch bedeutsamer Stoffe.* Naturwissenschaften, 48(13):465–472, 1961.

[58] RUSCHMEYER, K. und W. J. BARTZ: *Piezokeramik: Grundlagen, Werkstoffe, Applikationen.* Kontakt & Studium Werkstoffe. expert-Verlag, Renningen-Malmsheim, 1995.

[59] JAFFE, B., W. R. COOK und H. JAFFE: *Piezoelectric Ceramics.* Academic Press, London, 1971.

[60] FISHER, J. G., A. BENCAN, M. KOSEC, S. VERNAY und D. RYTZ: *Growth of dense single crystals of potassium sodium niobate by a combination of solid-state crystal growth and hot pressing.* Journal of the American Ceramic Society, 91(5):1503–1507, 2008.

[61] PARK, S.-E. und W. HACKENBERGER: *High performance single crystal piezoelectrics: applications and issues.* Current Opinion in Solid State and Materials Science, 6(1):11–18, 2002.

[62] BERGMANN, WOLFGANG: *Werkstofftechnik.* Hanser, München [u.a.], 2008.

[63] GOLDSCHMIDT, V. M.: *Die Gesetze der Krystallochemie.* Naturwissenschaften, 14(21):477–485, 1926.

[64] N.N: *Datenblatt*, PI Ceramic GmbH, http://www.piceramic.de (letzter Zugriff: 06.11.2009), 2009.

[65] N.N.: *Piezoelektrische Werkstoffe, Datenblatt*, Sensor Technology LTD, http://www.sensortech.ca (letzter Zugriff: 06.11.2009), 2009.

[66] HEYWANG, W., K. LUBITZ und W. WERSING: *Piezoelectricity: Evolution and Future of a Technology.* Springer Verlag, Berlin Heidelberg, 2008.

[67] SMOLENSKIJ, G.A und N.N KRAJNIK: *Ferroelektrika und Antiferroelektrika.* Teubner, Leipzig, 1972.

[68] N.N.: *zur Beschränkung der Verwendung bestimmter gefährlicher Stoffe in Elektro- und Elektronikgeräten: 2011/65/EU*, Richtlinie des europäischen Parlamentes und des Rates, Amtsblatt der Europäischen Union, 2011.

[69] SHIRANE, G., F. JONA und R. PEPINSKY: *Some aspects of ferroelectricity*. Proceedings of the IRE, 43(12):1738–1793, 1955.

[70] SAITO, Y., H. TAKAO, T. TANI, T. NONOYAMA, K. TAKATORI, T. HOMMA, T. NAGAYA und M. NAKAMURA: *Lead-free piezoceramics*. Nature, 432(7013):84–87, 2004.

[71] PRIYA, S. und S. NAHM: *Lead-Free Piezoelectrics*. Springer, New York, 2012.

[72] PANDA, P. K.: *Review: environmental friendly lead-free piezoelectric materials*. Journal of Materials Science, 44(19):5049–5062, 2009.

[73] LU, Y.-Q. und Y.-X. LI: *A review on lead-free piezoelectric ceramics studies in China*. Journal of Advanced Dielectrics, 01(03):269–288, 2011.

[74] TAKENAKA, T., K.-I. MARUYAMA und K. SAKATA: *$(Bi_{0.5}Na_{0.5})TiO_3$-$BaTiO_3$ system for lead-free piezoelectric ceramics*. Jpn. J. Appl. Phys., 30(Part 1, No. 9B):2236, 1991.

[75] YILMAZ, H., G. L. MESSING und S. TROLIER-MCKINSTRY: *(Reactive) templated grain growth of textured sodium bismuth titanate ($Na_{0.5}Bi_{0.5}TiO_3$-$BaTiO_3$) ceramics—I processing*. J . Electroceramics, 11(3):207–215, 2003.

[76] MARTIN, H-J.: *Die Ferroelektrika*. Akademische Verlagsgesellschaft Geest & Portig, Leipzig, 1964.

[77] GOODMAN, G.: *Ferroelectric properties of lead metaniobate*. J. Am. Ceram. Soc., 36(11):368–372, 1953.

[78] LU, C.-H. und N. CHYI: *Fabrication of fine lead metaniobate powder using hydrothermal processes*. Materials Letters, 29(1-3):101–105, 1996.

[79] YOEL, AJAY, P. E. P. MICHAEL, M. V. KOKATE und V. A. TABHANE: *Effect of gamma rays irradiation on ferroelectric phase transition and domain defect*

interaction in lead meta niobate single crystal. Physica B: Condensed Matter, 407(4):576–580, 2012.

[80] XU, Y.: *Ferroelectric Materials and Their Applications.* North-Holland, Amsterdam, 1991.

[81] N.N.: *Piezoelektrische Werkstoffe, Datenblatt*, Ferroperm Piezoceramics A/S, http://www.ferroperm-piezo.com (letzter Zugriff: 06.11.2009), 2009.

[82] HAUSSMANN, A.: *Ferroelektrische Lithografie auf magnesiumdotierten Lithiumniobat-Einkristallen.* Dissertation, TU Dresden, Fakultät Angewandte Physik / Photophysik, Dresden, 2011.

[83] PRIYA, S. und D. J. INMAN: *Energy Harvesting Technologies.* Springer, New York and London, 2008.

[84] N.N.: *Piezoelektrische Werkstoffe, Datenblatt*, CeramTec GmbH, http://www.ceramtec.de (letzter Zugriff: 06.11.2009), 2009.

[85] SCHÄUFELE, A.: *Ferroelastische Eigenschaften von Blei-Zirkonat-Titanat-Keramiken.* VDI-Verlag, Düsseldorf, 1996.

[86] ISLAM, R. A. und S. PRIYA: *High-energy density ceramic composition in the system Pb(Zr,Ti)O_3 Pb[(Zn,Ni)$_{0.3}$ Nb$_{0.6}$]O_3.* Journal of the American Ceramic Society, 89(10):3147–3156, 2006.

[87] N.N.: *Piezoelektrische Werkstoffe, Datenblatt*, American Piezo Company International Ltd, http://www.americanpiezo.com (letzter Zugriff: 06.11.2009), 2009.

[88] CAO, H. und A. G. EVANS: *Nonlinear deformation of ferroelectric ceramics.* Journal of the American Ceramic Society, 76(4):890–896, 1993.

[89] BERLINCOURT, D. und H. H. A. KRUEGER: *Properties of Morgan Electro Ceramic ceramics*, Technischer Bericht, http://www.morganelectroceramics.com (letzter Zugriff 06.11.2009), 2009.

[90] N.N.: *LTC3588-1 Piezoelectric Energy Harvesting Power Supply*, Linear Technology, http://www.linear.com (letzter Zugriff: 22.08.2013), 2013.

[91] GÖPFERT, L.: *CoolSilicon: Leitprojekt 3 "Kabellose Sensoren für die Strukturüberwachung - CoolSensornet"; Teilvorhaben: Kabellose low-power Sensor-RF-ICs zur Integration in energieautarken Anwendungen: Schlussbericht*. Zentrum Mikroelektronik Dresden AG, Dresden, 2012.

[92] KREISSIG, R. und U. BENEDIX: *Höhere technische Mechanik: Lehr- und Übungsbuch*. Springer, Wien, 2002.

[93] IKEDA, T.: *Fundamentals of Piezoelectricity*. Oxford University Press, Oxford, 1996.

[94] LEHNER, G.: *Elektromagnetische Feldtheorie für Ingenieure und Physiker*. Springer Verlag, Berlin, 4. Auflage, 2004.

[95] BERLINCOURT, D und H. H. A. KRUEGER: *Domain processes in lead titanate zirconate and barium titanate ceramics*. J. Appl. Phys., 30(11):1804–1810, 1959.

[96] JIA, C.-L., S.-B. MI, K. URBAN, I. VREJOIU, M. ALEXE und D. HESSE: *Atomic-scale study of electric dipoles near charged and uncharged domain walls in ferroelectric films*. Nat Mater, 7(1):57–61, 2008.

[97] SEIDEL, W., B. THODEN und F. HAHN: *Werkstofftechnik*. Hanser Verlag, München, 7. Auflage, 2007/2008.

[98] SIMMCHEN, E.: *Grundlagen der Werkstofftechnik*. Wiley-VCH, Weinheim, 2. Auflage, 2010.

[99] BAERWALD, H. G.: *Thermodynamic theory of ferroelectric ceramics*. Phys. Rev., 105(2):480–486, 1957.

[100] DAMJANOVIC, D.: *Logarithmic frequency dependence of the piezoelectric effect due to pinning of ferroelectric-ferroelastic domain walls*. Phys. Rev. B, 55(2):R649–R652, 1997.

[101] RÜHL, H.: *Grundlagen und Vierpolzerlegung*. Hüthig Verlag, Heidelberg, 1979.

[102] HIPPEL, A. R. VON: *Dielectric materials and applications*. Artech House, Boston, 1995.

[103] KOENIG, H. E. und W. A. BLACKWELL: *Electromechanical System Theory.* McGraw-Hill, New York, 1961.

[104] RÖDIG, T.: *Schwingungsreduktion von Leichtbaustrukturen durch piezoelektrische Elemente.* Diplomarbeit, TU Dresden, Fakultät der Elektrotechnik und Informationstechnik, 2002.

[105] SMITH, M.: *Winspice*, Software, Version 1.05.01, Ousetech Ltd, 2004.

[106] FIALA, J.: *PSPad*, Software, Version 4.3.2, 2004.

[107] KAULFUSS, S. und T. RÖDIG: *SpiceAPL*, Software, Version 1.2.0.331, Fraunhofer IKTS, 2009.

[108] N.N: *OrCAD*, Software, Version 16.2.0, Cadence Design Systems, Inc., 2010.

[109] N.N: *GiD*, Software, Version 8.0.2, CIMNE International Center for Numerical Methods in Engineering, 2004.

[110] N.N: *Atila*, Software, Version 5.2.4, Micromechatronics Inc, 2004.

[111] N.N: *Atila-GiD-Interface*, Software, Version 2.0.2.5.2, Micromechatronics Inc, 2004.

[112] ENGELKE, T. und T. RÖDIG: *AtilaAPL*, Software, Version 0.64, Fraunhofer IKTS, 2012.

[113] DIN-EN 50324-1-2002-2: *Piezoelektrische Eigenschaften von keramischen Werkstoffen und Komponenten - Teil 1: Begriffe*, Beuth Verlag, Berlin, 1999.

[114] MIL-STD-1376B: *Piezoelectric Ceramic Material and Measurements Guidelines for Sonar Transducers*, EverySpec, http://www.everyspec.com/ (letzter Zugriff: 04.04.2012), 1995.

[115] N.N.: *Piezoelektrische Werkstoffe, Datenblatt*, SUMIDA Components GmbH (ehem. Stelco GmbH), http://www.sumida-components.com (letzter Zugriff: 06.11.2009), 2009.

[116] N.N.: *Piezoelektrische Werkstoffe, Datenblatt*, marco Systemanalyse und Entwicklung GmbH, http://www.marco.de (letzter Zugriff: 06.11.2009), 2009.

[117] N.N.: *Piezoelektrische Werkstoffe, Datenblatt*, TRS Technologies, Inc, http://trstechnologies.com (letzter Zugriff: 06.11.2009), 2009.

[118] N.N.: *Piezoelektrische Werkstoffe, Datenblatt*, The Morgan Crucible Company plc., http://www.morganelectroceramics.com (letzter Zugriff: 06.11.2009), 2009.

[119] N.N.: *Piezoelektrische Werkstoffe, Datenblatt*, Fuji & Co, http://www.fuji-piezo.com (letzter Zugriff: 06.11.2009), 2009.

[120] N.N.: *Piezoelektrische Werkstoffe, Datenblatt*, Johnson Matthey plc (ehem. Argillon GmbH), http://www.matthey.com (letzter Zugriff: 06.11.2009), 2009.

[121] N.N.: *Piezoelektrische Werkstoffe, Datenblatt*, Noliac A/S, http://www.noliac.com (letzter Zugriff: 06.11.2009), 2009.

[122] N.N.: *Piezoelektrische Werkstoffe, Datenblatt*, Piezo Technologies (ehem. Keramos), http://www.piezotechnologies.com (letzter Zugriff: 06.11.2009), 2009.

[123] N.N.: *Piezoelektrische Werkstoffe, Datenblatt*, Channel Industries, Inc, http://www.channelindustries.com (letzter Zugriff: 06.11.2009), 2009.

[124] N.N.: *Piezoelektrische Werkstoffe, Datenblatt*, CTS Corporation, http://www.ctscorp.com (letzter Zugriff: 06.11.2009), 2009.

[125] N.N.: *Piezoelektrische Werkstoffe, Datenblatt*, iBule Photonics, http://www.ibule.com (letzter Zugriff: 06.11.2009), 2009.

[126] DIN EN 50324-2:2002: *Piezoelektrische Eigenschaften von keramischen Werkstoffen und Komponenten - Teil 2: Messverfahren; Kleinsignal; Deutsche Fassung EN 50324-2:2002*, Beuth Verlag, Berlin, 2002.

[127] MÜLLER, C und T RÖDIG: *Allgemeine Arbeitsanweisung für die Messung von piezoelektrischen Proben an der Tablettenpresse*, Fraunhofer IKTS, Labor 022, 01.04.2011.

[128] DIN 863-1: *Prüfen geometrischer Größen - Meßschrauben - Teil 1: Bügelmeßschrauben, Normalausführung; Begriffe, Anforderungen, Prüfung*, Beuth Verlag, Berlin, 1999.

[129] SCHOLEHWAR, T: *EMC*, Software, Version 2.4.5, Fraunhofer IKTS, 2008.

[130] ZICKGRAF, B., G. A. SCHNEIDER und F. ALDINGER: *Fatigue behaviour of multilayer piezoelectric actuators.* Applications of Ferroelectrics, ISAF '94, Proceedings of the Ninth IEEE International Symposium, Seiten 325–328, 1994.

[131] STÖLTING, H-D. und E. KALLENBACH: *Handbuch elektrische Kleinantriebe.* Hanser Verlag, München, 3. Auflage, 2006.

[132] KEITEL, U.: *MP_PGW.exe: Messprogramm für piezoelektrische Generatorwerkstoffe*, Software, Version 2.1.0.25, Fraunhofer IKTS, 2010.

[133] PERTSCH, P.: *Das Großsignalverhalten elektromechanischer Festkörperaktoren.* Dissertation, Technische Universität Ilmenau, 2003.

[134] PETRAS, I.: *Orthogonal linear regression in 3D-space by using principal components analysis (Matlabfunktion fit_3D_data)*, http://www mathworks com (letzter Zugriff: 24.01.2013), 26.11.2006.

[135] LETHIECQ, M., F. LEVASSORT und L. P TRAN-HUU-HUE: *New low acoustic impedance piezoelectric material for broadband transducer applications.* IEEE Ultrasonics Symposium, 2:1153–1156 Vol.2, 2004.

[136] OUCHI, H., K. NAGANO und S. HAYAKAWA: *Piezoelectric properties of* $Pb(Mg_{0.3}Nb_{0.6})O_3$*-*$PbTiO_3$*-*$PbZrO_3$ *solid solution ceramics.* J. Am. Ceram. Soc., 48(12):630–635, 1965.

[137] CROSS, L. E.: *Relaxor ferroelectrics.* In: *Piezoelectricity Evolution and Future of a Technology*, Band 114, Seiten 131–155. 2008.

[138] CHEN, I. W.: *Structural origin of relaxor ferroelectrics—revisited.* Journal of Physics and Chemistry of Solids, 61(2):197–208, 2000.

[139] Cross, L. E.: *Relaxor ferroelectrics: Ferroelectrics*. Ferroelectrics, 76(1):241–267, 1987.

[140] Lenk, A. und B. Irrgang: *Elektromechanische Systeme,* Band 2 - Systeme mit verteilten Parametern. Verlag Technik, Berlin, 2. Auflage, 1977.

[141] Fett, T., D. Munz und G. Thun: *Youngs modulus of soft PZT from partial unloading tests*. Ferroelectrics, 274:67–81, 2002.

[142] Matthey, B. und M. Herrmann: *Experimentelle Bestimmung der Phasenanteile in ausgewählter ferroelektrischer Keramiken mit Hilfe der Röntgenbeugung (XRD) und der Rietveldmethode,* Fraunhofer IKTS, interner Bericht, 2013.

[143] Do, Manh Cuong: *Piezoelectric Transformer Integration Possibility in High Power Density Applications*. Dissertation, TU Dresden, Fakultät der Elektrotechnik und Informationstechnik, TUDpress Verlag der Wissenschaft, Dresden, 2008.

Anhang A

Werkstoffkenndaten

Die Tabelle A.1 listet die hier relevanten Kennwerte der betrachteten piezoelektrischen Werkstoffe [81, 64, 115, 65, 84, 87, 116, 117, 118, 119, 120, 121, 122, 123, 124, 125] auf, wie sie den Datenblättern der Hersteller entnommen werden. Grau hinterlegte Werkstoffe standen in dieser Arbeit für messtechnische Untersuchungen zur Verfügung. Die verwendeten Abkürzungen sind in Tabelle 3.2 aufgeführt.

Werkstoff	Nachgiebigkeit $10^{-12}m^2/N$			Dichte kg/m^3	Güte	relative Permittivität		piezoelektrische Ladungskonstante pC/N			piezoelektrischer Kopppelfaktor %					Curie-temperatur °C
	s_{11}	s_{33}	s_{44}	ρ	Q_m	$\epsilon_{r,11}$	$\epsilon_{r,33}$	d_{31}	d_{33}	d_{15}	k_p	k_{31}	k_{33}	k_t	k_{15}	T_c
Werkstoffgruppe I																
PIC 141	12.4	13.0		7800	1500	1500	1250	-140	310	475	55	31	66	48	67	295
PIC 241	12.6	14.3		7800	1200	1550	1650	-130	290	265	50	32	64	46	63	270
PIC 300	11.1	11.8		7800	1400	950	1050	-80	155	155	48	25	46	43	32	370
JMC 202	11.8	13.8	31.0	7700	800	960	1000	-90	205	295	50	28	60	45	57	330
JMC 455	12.7	12.5		7700	890		1450	-120	125		57	31	32	47		300
CI 5400	12.2	15.4		7550	500	1475	1300	-135	300	525	60	36	71	72		300
M FPM 100	11.7	10.2		7550	350	680	800	-60	200		50	25	60	44		330
SC PKT 42	13.3	16.1		7700	1200		1280	-145	360		62	33	71			310
SC PKT 44	12.7	15.2		7700	750		1150	-125	310		58	33	68			308
ST BM200	10.8	15.4		7600	1000		1080	-100	250		60	31	64			330
ST BM400	12.5	15.0		7600	500		1350	-125	300		58	35	70			350
ST BM740	10.5	14.0		7650	650		425	-60	160		48	30	65			340
C P4	14.9	18.1		7650	500	1535	1300	-130	310	455	57	31	68	50	65	325
TRS 100 HD	15.4	17.5		7800	500		1450	-150	350		59		70	50		
TRS 110 HD					400		1550	-125	250		61	35	70	50		
MM PZT401	12.7	15.6	39.2	7600	600		1470	-132	315	511	60	35	71		70	330
MM PZT402	12.3	15.5		7600	500		1200	-122	285	495	56	33	70		71	320
MM PZT403	13.3	16.8		7600	600	1475	1350	-135	315		58	33	68		60	320
MM PZT404	13.3	16.8		7600	600		1450	-135	315		60	34	71			325
MM PZT405				7500			1450		350		62					300
MM PZT406	13.0	15.0		7800	750		1325	-130	315		61	34	70			325
MM PZT407	12.0	15.0	37.0	7900	1200	1400	1225	-150	325	480	64	38	74		70	315
MM PZT701	10.7	13.9	31.4	7700	600		425	-60	153	360	52	30	67		65	350
MM PZT702	10.9	13.5		7600	500		1200	-100	225		48	28				325
Fuji C-201	12.7	15.6	41.7	7800	900	2020	1550	-145	330	640	60	34	71	46	74	290

Werkstoff	Nachgiebigkeit $10^{-12}m^2/N$			Dichte kg/m^3	Güte	relative Permittivität		piezoelektrische Ladungskonstante pC/N			piezoelektrischer Kopppelfaktor %					Curie-temperatur °C
Werkstoff	s_{11}	s_{33}	s_{44}	ρ	Q_m	$\epsilon_{r,11}$	$\epsilon_{r,33}$	d_{31}	d_{33}	d_{15}	k_p	k_{31}	k_{33}	k_t	k_{15}	T_c
Fuji C-204	13.9	17.5	41.7	7650	520	2240	2200	-190	435	650	63	37	74	52	71	250
Fuji M-6	7.6	8.6	11.5	6920	850	250	215	-4	71	41	4	2.6	53	51	37	250
APC 840	12.5	14.7		7600	500		1250	-125	290	480	59	35	72		70	325
APC 842	12.5	14.7		7600	600		1375		300		65			48		325
N H1	13.0	20.0		7700	1000		1300	-130	330		57	33	68			330
N PCM40	13.3	16.8		7750	700		1250	-140	320		61	34	70	50		325
N PCM41	12.5	16.0		7900	1400		1350	-130	310		57	33	68	50		290
K 180		14.1		7700	600	723	425	-60	180	350	52	30	67	53	68	350
K 181		11.1		7700	220	500	380	-70	150	390	46	22	50	50	51	360
K 182		11.9		7700	200	780	540	-80	180	330	50	23	48	48	52	330
K 278		13.5		7500	200	1220	1100	-95	240	325	51	30	64	45	55	300
K 300		18.2		7700	400	1600	1450	-150	350	500	60	34	70	50	70	330
OPT 4000	11.9	15.2		7600	500		1250	-124	290		54	33	70		70	325
StW PZT 4	12.3	15.4	32.7	7500	500	1475	1300	-123	289	496	58	33	70	51.3	71	328
Mittelwert	12.3	14.8	33.3	7657	705	1227	1179	-114	270	406	55	30	65	49	61	318
Werkstoffgruppe II																
FP Pz23	14.8	19.4	41.3	7700	100	1375	1503	-128	328	421	52	29	65	65		305
FP Pz27	17.0	23.2	47.1	7700	80	1796	1803	-170	425	506	59	33	70	70		350
PIC 152				7700	100		1350		300		48		58			340
PIC 155	15.6	19.7		7800	80	1400	1450	-165	360		62	35	69	48		345
PIC 255	16.1	20.7		7800	80	1650	1750	-180	400	550	62	35	69	47	66	350
JMC 420	15.4	18.7	45.0	7600	100	1600	1600	-160	355	525	60	34	69	48	66	320
JMC 1224	12.0	13.5	39.5	7600	135	700	550	-58	115	310	45	24	45	55	64	305
CI 5500	15.6	19.2		7600	75	1775	1750	-185	400	625	62	37	73	71		350
M FPM 202	16.2	18.9		7740	90	1300	1600	-150	400		64	34	69	48		340

Werkstoff	Nachgiebigkeit 10^{-12}m^2/N			Dichte kg/m^3	Güte	relative Permittivität		piezoelektrische Ladungskonstante pC/N			piezoelektrischer Koppelfaktor %					Curie-temperatur °C
	s_{11}	s_{33}	s_{44}	ρ	Q_m	$\epsilon_{r,11}$	$\epsilon_{r,33}$	d_{31}	d_{33}	d_{15}	k_p	k_{31}	k_{33}	k_t	k_{15}	T_c
M FPM 203	14.8	27.3		7670	65	1100	950	-150	425		64	35	68	54		360
SC 22	14.5	15.7	32.6	7800	80	1940	2090	-175	350	415	59	34	64	41	55	300
SC 23	13.1	16.1	36.7	8000	100	1770	1030	-130	235	475	63	37	61	47	63	350
SC PKT 52	13.5	20.0		7600	65		1800	-170	450		62	34	71			310
SC PKT 53	14.7	20.0		7500	70		1800	-170	390		58	33	70			380
SC PKT 54	13.5	18.2		7600	60		1950	-180	430		62	34	71			310
SC PKT 55	13.5	20.0		7600	65		2300	-210	460		62	35	72			300
ST BM500	15.5	19.0		7650	80		1750	-175	365		62	37	72			360
C P5	17.1	19.0		7650	90	1850	1850	-180	450	550	62	34	73	49	72	340
C P502	18.5	20.7		7740	80	1950	1850	-185	440	560	62	33	72	48	74	335
C P504	16.3	17.5		7650	90	1920	1730	-157	390	530	59	32	71	51	66	350
C P505	17.9	24.0		7700	80	1850	1880	-180	475	670	65	33	73	53	71	335
C P508	17.0	19.0		7800	60	1700	1500	-165	440	550	61	35	72	58	71	340
TRS 200 HD	14.8	15.9		7950	77		2000	-190	400	550	66	37	73	49	68	340
TRS 210 HD									390	490	61			48	53	380
TRS 211 HD							1500		340	365	54			46	57	380
MM PZT501	16.4			7600	75		2000	-185	405	564	60	34	66		63	330
MM PZT502	16.1			7800	80		1950	-195	450		65	35				350
MM PZT506	15.5			8000	65		2250	-225	545		70					300
MM PZT5A1	16.7	17.2		7750	60		1875	-176	409		62	34	67	45	69	370
MM PZT5A2					75	1730	1700	-171	374	585	60	34	71		69	
MM PZT5A3	16.4	18.8		7700	75	1730	1700	-171	374	585	60	34	71		69	365
MM PZT5A4	16.0	18.0	45.0	7900	80	1650	1850	-195	460	550	66	37	72		68	360
Fuji C-5	13.9	18.9	52.6	7650	90	2140	1170	-140	333	764	64	38	73	53	78	305
Fuji C-6	16.1	20.4	52.6	7650	80	2270	2130	-210	472	758	66	39	76	52	74	295
Fuji C-63	14.9	16.1	40.0	7600	90	1850	2000	-165	320	530	59	33	68	48	66	295

Werkstoff	Nachgiebigkeit $10^{-12}m^2/N$			Dichte kg/m^3	Güte	relative Permittivität		piezoelektrische Ladungskonstante pC/N			piezoelektrischer Koppelfaktor %					Curie-temperatur °C
	s_{11}	s_{33}	s_{44}	ρ	Q_m	$\epsilon_{r,11}$	$\epsilon_{r,33}$	d_{31}	d_{33}	d_{15}	k_p	k_{31}	k_{33}	k_t	k_{15}	T_c
Fuji C-64	16.9	19.6	50.0	7700	80	1960	1850	-185	435	670	63	35	73	50	71	345
APC 850	15.9	18.5		7700	80		1900	-175	400	590	63	36	72		68	360
APC 851	15.9	18.5		7600	80		1950		400		71			51		360
N PCM51	16.2	18.7		7800	80		1850	-195	460		67	37	72	51		340
N PCM53	15.8	18.2		7600	80		1600	-150	360		56	32	65	47		340
N S1	17.0	23.0		7700	80		1800	-170	425		59	33	70			350
K 270		15.4		7500	80	1535	1300	-120	270	490	58	33	70	41	71	325
K 350		18.5		7700	75	1650	1700	-170	380	575	60	35	70	49	65	360
OPT 5000	16.1	18.5		7500	80		1750	-174	400		60	36	72		68	360
CTS 3195HD	14.9	18.6		7800	80		1900	-190	390		65	36	72	48	59	350
CTS 3195STD	14.5	18.6		7700	80		1800	-175	350		63	35	70	49		350
StW PZT 5A	16.4	18.8	44.3	7750	75	1730	1700	-171	374	584	60	34	71	49	69	365
Mittelwert	15.6	19.1	44.0	7694	81	1716	1744	-172	394	553	61	34	69	51	66	339
Werkstoffgruppe III																
FP Pz24	10.5	13.6	27.2	7700	1000	810	425	-58	149	151	50	29	67	67		330
FP Pz26	13.0	19.6	34.7	7700	1000	1193	1326	-128	328	327	57	33	68	68		330
FP Pz28	12.6	18.3	32.6	7700	1000	1220	990	-114	275	403	58	34	69	47		330
PIC 181	11.8	14.2		7800	2000	1500	1200	-120	265	475	56	32	66	46	63	330
CI 5800	11.6	14.1		7550	1100	1400	1100	-107	245	390	55	32	67	60		300
CI 5804	11.6	14.1		7550	1050	1340	1050	-105	240	382	54	32	66	59		300
M FPM 101	10.8	10.0		7850	1500	1300	600	-70	200	440	52	29	63	48	70	265
M FPM 110	12.6	13.0		7820	1500	1550	1250	-115	330		59	31	66	48		295
SC 51	11.3	13.3	30.6	8000	1580	1600	1240	-115	225	380	55	33	57	16	58	300
SC 62	11.3	13.2	26.9	7900	1360	1230	1200	-100	225	270	50	29	57	43	49	320
SC PKT 59	16.4	19.6		8000	1580	1600	1240	-115	225	380	55	33	57	16	58	180

	Nachgiebigkeit $10^{-12}m^2/N$			Dichte kg/m^3	Güte	relative Permittivität		piezoelektrische Ladungskonstante pC/N			piezoelektrischer Koppelfaktor %					Curie-temperatur °C
Werkstoff	s_{11}	s_{33}	s_{44}	ρ	Q_m	$\epsilon_{r,11}$	$\epsilon_{r,33}$	d_{31}	d_{33}	d_{15}	k_p	k_{31}	k_{33}	k_t	k_{15}	T_c
SC PKT 60	16.1	18.9		7900	1360	1230	1200	-100	225	270	50	29	57	43	49	250
SC PKT 61	14.7	20.0		7700	1200		1280	-145	360		62	33	71			260
SC PKT 81	11.6	14.1		7700	800		1000	-105	280		57	34	68			320
ST BM800	11.0	13.5		7600	1000		1000	-60	225		50	30	64			325
C P8	11.4	13.7		7700	1000	1250	1000	-95	240	380	55	30	68	48	60	305
TRS 300 HD	10.0	13.0		7800	650		1000	-100	235		55	33	68	50		
MM PZT801	11.5	13.5	31.4	7600	1000		1000	-97	225	330	51	30	64		55	300
MM PZT802	11.5	13.5		7500	1000	1290	1150	-97	250	300	54	30	64		55	300
MM PZT803				7500			975		250		54					300
MM PZT804				7450			1050		250		55					300
MM PZT805	11.0	13.0		7800	1000		1000	-100	230		53	30	66			300
MM PZT806	11.7	14.7		7600	1200		1250	-104	280		55	31	71	45		300
MM PZT807	10.9	15.7		7650	1600	1190	1075	-93	230	294	55	29	69	47		300
Fuji C-13	9.3	9.3	23.8	7700	1880	810	810	-51	116	195	34	20	45	40	47	330
Fuji C-2	13.7	18.9	45.5	7600	1200	1970	1460	-158	367	692	63	37	76	52	77	300
Fuji C-202	12.2	14.7	35.7	7850	1200	1700	1600	-130	315	540	56	32	69	47	69	290
Fuji C-203	13.9	16.7	43.5	7700	2000	1470	1450	-145	325	520	59	35	71	49	70	350
Fuji C-203P	12.8	16.4	43.5	7800	1500	1650	1220	-135	295	570	61	36	70	47	71	350
Fuji C-205	11.6	14.7	37.0	7800	2140	1650	1580	-136	322	492	58	34	70	40	68	280
Fuji C-21	12.0	15.6	43.5	7800	1400	1900	1400	-131	288	634	59	34	71	48	78	307
Fuji C-213	12.2	15.2	38.5	7800	2500	1590	1470	-135	310	510	58	34	70	48	70	315
Fuji C-22	14.3	15.6	40.0	7650	1100	1260	1300	-140	285	392	51	29	63	45	59	350
Fuji C-23	12.0	16.4	50.0	7630	1400	1700	800	-100	270	690	59	35	73	54	79	290
Fuji C-3	10.0	12.2	40.0	7600	1900	820	510	-55	154	381	45	26	64	49	64	270
Fuji C-4	9.7	11.5	28.6	7600	1700	560	330	-39	110	201	36	23	57	39	53	330
Fuji M-1	8.4	7.4		7600	1200		185	-4	44		6	6.5	37	38		385

Werkstoff	Nachgiebigkeit $10^{-12}m^2/N$			Dichte kg/m^3	Güte	relative Permittivität		piezoelektrische Ladungskonstante pC/N			piezoelektrischer Kopppelfaktor %					Curie-temperatur °C
	s_{11}	s_{33}	s_{44}	ρ	Q_m	$\epsilon_{r,11}$	$\epsilon_{r,33}$	d_{31}	d_{33}	d_{15}	k_p	k_{31}	k_{33}	k_t	k_{15}	T_c
Fuji M-5	7.2	6.9		7400	1450		220	-5	58		6	6	47	43		310
APC 841	13.2	15.9		7600	1400		1350	-109	300	450	60	33	68		67	320
APC 844	13.2	15.9		7700	1500		1500		300		68			48		320
APC 880	11.1	13.9		7600	1000		1000	-95	215	330	50	30	62		55	310
APC 881	11.1	13.9		7600	1000		1030		260		58			46		310
N PCM80	11.4	13.8		7800	1000		1050	-100	240		55	30	68	48		305
OPT 8000	11.4	13.9		7600	1000		1000	-96	225		50	30	76		55	315
StW PZT 8	11.8	14.2	30.4	7800	1000	1500	1200	-120	265	475	51	30	64	48	55	300
Mittelwert	11.8	14.4	36.3	7693	1332	1362	1065	-100	245	406	52	29	65	46	62	306
Werkstoffgruppe IV																
PIC 110				5500	250		950	-50	120		30	18		42		150
CI 300	8.5	9.0		5500	450	1350	1250	-58	145	245	32	19	46	46		115
CI 600	8.6	9.1		5400	1200	570	625	-33	82	150	27	16	39	39		140
CI 1300	8.4	8.8		5550	600	1450	1350	-56	145	245	30	18	45	45		115
MM BT301	7.8	8.1		5800	500		1140	-42	127		27	15	45	32		130
MM BT302				5450			1100		140		32					120
StW BT	8.6	8.9	22.3	5720	400	1620	1900	-79	191	270	35	21	49	38	48	120
Mittelwert	8.3	8.8		5533	600	1123	1069	-48	127	213	29	17	43	40		128
Werkstoffgruppe V																
FP Pz52	14.7	16.5	38.3	7340			1862	-174	370							250
FP Pz54	13.8	18.6	36.4	7760			2867	-201	479							225
CI 5600	16.1	19.6		7500	70	2400	2600	-225	505	670	62	36	73	68		240
M FPM 220	16.3	17.5		7850	120	2060	3000	-240	450		63	37	70	54		250

	Nachgiebigkeit $10^{-12}m^2/N$			Dichte kg/m^3	Güte	relative Permittivität		piezoelektrische Ladungskonstante pC/N			piezoelektrischer Kopppelfaktor %					Curie-temperatur °C
Werkstoff	s_{11}	s_{33}	s_{44}	ρ	Q_m	$\epsilon_{r,11}$	$\epsilon_{r,33}$	d_{31}	d_{33}	d_{15}	k_p	k_{31}	k_{33}	k_t	k_{15}	T_c
SC 21	14.8	16.3	36.0	7800	80	2480	2540	-220	400	515	65	39	65	43	58	230
SC 26	15.0	18.1	33.6	7700	80	2440	2740	-215	420	470	59	36	67	49	55	210
SC PKT 56	16.9	19.6		8000	100	1770	1030	-130	235	475	63	37	61	47	63	250
SC PKT 57	16.4	20.0		7700	80	2440	2740	-215	420	470	59	36	67	49	55	260
MM PZT503	15.0	18.0	39.0	7800	75	1800	2100	-215	500	515	68	38	75		66	285
MM PZT504	15.0	19.0		7800	75		2000	-200	450		64	37	74			270
MM PZT505	16.5			7830	60		2600	-270	610		72					285
MM PZT5J1	16.2	22.7		7400	75		2600	-220	500	670	60	36	69		63	250
MM PZT703	15.0			7800	80	1700	1100	-150	340	500	63	37	73		68	270
Fuji C-601	14.9	20.0	45.5	7800	110	2400	2300	-210	500	730	65	37	76	50	73	285
Fuji C-62	15.9	20.4	52.6	7600	75	2730	2600	-234	500	860	68	40	77	52	76	245
Fuji C-6H	15.9	19.2	50.0	7800	70	2550	2400	-240	490	800	70	41	77	50	76	290
K 500		22.2		7650	70	2500	2700	-220	500	700	62	37	75	50	65	245
Mittelwert	15.5	19.2	41.4	7713	81	2273	2340	-211	451	615	64	37	71	51	65	255
Werkstoffgruppe VI																
FP Pz21	18.2	18.0	52.0	7780	65	3245	3985	-259	640	616	60	33	70	70		205
FP Pz29	17.0	22.9	45.6	7460	90	2438	2874	-243	574	724	64	37	75	52		335
PIC 151	15.0	19.0		7800	100	1980	2400	-210	500		62	38	69	53		250
PIC 153				7600	50		4200		600		62					185
JMC 524.5	14.9	17.2	45.0	7900	80		2400	-230	430	690	64	36	69	44	72	290
JMC 1100	14.2	20.6	43.0	8100	50	4750	4500	-315	640	895	70	42	71	50	67	177
JMC 1334	15.5	17.5	44.5	7900	220		3500	-230	500	740	64	33	67	47	67	200
JMC 1876	15.8	20.5	57.8	8000	45	6500	7000	-385	860	1160	67	38	75	48	76	121
CI 5700	16.1	20.8		7400	65	2950	3200	-250	550	690	62	37	72	65		190
M FPM 231	14.6	23.9		7820	65	3050	4000	-300	680		66	39	72	52		205

	Nachgiebigkeit $10^{-12}m^2/N$			Dichte kg/m^3	Güte	relative Permittivität		piezoelektrische Ladungskonstante pC/N			piezoelektrischer Kopppelfaktor %					Curie-temperatur °C
Werkstoff	s_{11}	s_{33}	s_{44}	ρ	Q_m	$\epsilon_{r,11}$	$\epsilon_{r,33}$	d_{31}	d_{33}	d_{15}	k_p	k_{31}	k_{33}	k_t	k_{15}	T_c
M FPM 240	14.2	19.8		7820	65	2650	3600	-275	620		70	40	72	52		185
ST BM527	14.5	19.5		7600	70		2750	-215	500		62	37	72			225
ST BM532	14.0	20.0		7650	70		3250	-270	590		65	39	75			210
C P51	15.6	19.6		7820	100	3050	3100	-260	640	730	67	39	75	51	76	200
C P53	15.8	22.9		7830	75	3580	3800	-275	680	770	65	38	74	51	73	215
TRS 600FG HD	14.8	22.0		7900	54		3650	-310	670		68	44	79	54		190
TRS 610 HD	16.5	21.1		7950	46		3900	-340	690		73	46	80	56		210
TRS HK1 HD	15.4	17.5		8000	56		6500	-360	800	840	66	39	74	50	64	150
MM PZT507	16.0	20.0		7800	65	3300	3900	-280	700		70	39	80			165
MM PZT508	16.4	22.0		7900	55		3900	-315	720	750	71	41	75		72	220
MM PZT5H1	17.7	21.9		7400	65		3250	-250	620		60	35	72	50		200
MM PZT5H2	16.4	20.8		7450	65		3400	-274	593	741	65	39	75		68	195
MM PZT5K1	16.4	20.4		8200	65		6200	-370	870		68	40	75			160
Fuji C-7	16.4		41.7	7400	45	3670	4660	-271	665	737	58	34	72	53	64	162
Fuji C-8	16.7	20.8	45.5	7450	65	3100	3480	-274	627	779	65	38	77	52	70	193
Fuji C-82	16.1	19.6	45.5	7500	65	3090	3650	-266	600	781	65	37	75	51	70	195
Fuji C-83H	16.4	19.6	47.6	7700	65	3900	4200	-335	670	980	73	43	78	51	76	220
Fuji C-9	15.4	18.5	38.5	7750	25	6050	6640	-354	718	827	57	37	69	49	58	130
Fuji C-91	16.9	18.5	41.7	7750	30	4400	5500	-330	640	820	60	37	69	49	65	165
Fuji C-91H	15.6	18.2	41.7	8100	24	4900	5800	-38	710	920	69	42	74	50	68	170
Fuji C-92H	15.2	20.4	38.5	8100	28	4400	5300	-366	770	848	72	44	78	51	69	183
APC 854	16.9	19.6		7600	65		3400		650		77			52		180
APC 855	16.9	19.6		7600	65		3400	-276	600	720	68	40	76		66	200
APC 856	17.2	22.2		7500	72		4100	-260	620	710	65	36	73		65	150
N PCM55	16.5	20.6		8000	70		5000	-260	670		62	39	72	50		170
N S2	17.0	23.0		7450	90		2900	-240	575		64	37	75			235

Werkstoff	Nachgiebigkeit $10^{-12}m^2/N$			Dichte kg/m^3	Güte	relative Permittivität		piezoelektrische Ladungskonstante pC/N			piezoelektrischer Koppelfaktor %					Curie-temperatur °C
	s_{11}	s_{33}	s_{44}	ρ	Q_m	$\epsilon_{r,11}$	$\epsilon_{r,33}$	d_{31}	d_{33}	d_{15}	k_p	k_{31}	k_{33}	k_t	k_{15}	T_c
K 600		20.0		7650	50	2610	3100	-250	600	730	65	39	70	50	68	230
K 700		20.0		7800	30	3500	4000	-290	700	950	71	42	77	52	72	210
OPT 5100	15.4	20.0		7500	75		3200	-274	550		63	38	75		67	195
CTS 3203HD	16.1	19.8		7870	30		3800	-320	650		75	43	75	55	78	225
CTS 3203STD	15.9	19.8		7700	30		3250	-275	550		69	41	73	53		235
CTS 3221HD	16.1	21.0		7870			3450	-300	595			44	78	55	78	242
CTS 3252HD	14.6			8200	125		5000	-345				42		50		160
CTS 3257HD	14.7			8200	120		5700	-364	750			42		50		155
CTS 3265HD	14.5			8200	125		6500	-367				40		49		135
StW PZT 5H	16.5	20.7	42.6	7500	65	3130	3400	-274	593	741	65	39	75	51	68	193
Mittelwert	15.8	20.2	44.8	7784	67	3734	4146	-286	643	801	66	39	73	51	69	
							Werkstoffgruppe VII									
FP Pz34	7.3	7.3	17.9	7550	500	237	208	-5	46	43	7	5	40	40		400
JMC 1599	7.4	7.6		6900	1200		250	-4	31		7	3	24	50		245
ST BM300	7.2	9.0		6700	800		200	-3	70		5	3	51			225
MM PT1	7.4	8.6		6900	1100	240	210	-3	68	70	2	2	54		36	255
NOVA 3B		8.3		7650	300	250	215		70	60	1		52	52	30	350
Mittelwert	7.3	8.2	17.9	7140	780	242	217	-4	57	58	4	3	44	47	33	295
							Werkstoffgruppe VIII									
FP Pz35				5720	20	247	219		83	54				34		500
ST BM901	27.5	21.0		6000	15		325	-10	90		7	4	40			490
ST BM921	9.5	14.7		4400	600		165	-7	65		10	6	38			290
ST BM941	7.4	21.0		5800	15		625	-40	180		20	14	45			280

	Nachgiebigkeit $10^{-12}m^2/N$			Dichte kg/m^3	Güte	relative Permittivität		piezoelektrische Ladungskonstante pC/N			piezoelektrischer Kopppelfaktor %					Curie-temperatur °C
Werkstoff	s_{11}	s_{33}	s_{44}	ρ	Q_m	$\epsilon_{r,11}$	$\epsilon_{r,33}$	d_{31}	d_{33}	d_{15}	k_p	k_{31}	k_{33}	k_t	k_{15}	T_c
Fuji F-100	18.5	18.2	43.5	5700	20	370	300	-55	80	145	30	24	31	39	39	530
K 81		18.2		6200	15	261	300	-15	85	105	10	10		30	28	400
K 83		7.7		4500		277	180	-15	60	54	10	13	38	42	25	200
K 85		21.7		5700	15	660	800	-65	180	160	35	13	43	35	3	300
Mittelwert	15.7	17.5	43.5	5502	100	363	364	-30	103	104	17	12	39	36	23	373
Werkstoffgruppe IX																
StW EK BT	8.1	15.7	23.3	5550		2920	168	-35	86	392		32	56		57	115
StW Quarz	12.8	12.8		2660		5	5	-2	2				10			573
SW NaKNbO3	8.2	10.1	27.1	4660	240	938	496	-51	127	306	46	27	61	46	64	420
FP Pz37	37.2	56.7	98.5	5190			912	-82	391							350
FP Pz46	10.6	44.2	25.8	6530	600	127	124	-2	19	8	3	2	9	20		650
C P6	11.6	13.7		7700	1100	440	650	-55	135	210	35	21	48	38	46	390
PMN-32%PT	59.7	86.5		8000			8000	-1050	2250			51	91	62		166
TRS X2A				8000			4750	-600	1550	275		39	88	54		132
TRS X2B				8000			6000	-900	2000	3250		51	90	55		142
TRS X2C				8000			7500		2450				92	56		160
K 12		9.5		6900	200		145	-5	12	10	7	2	12	12	7.5	820
K 15		8.3		7200	100	165	145		18	14	6	2	15	15	8	600

Tab. A.1: Übersicht der Kennwerte piezokeramischer Werkstoffe aus Datenblättern [81, 64, 115, 65, 84, 87, 116, 117, 118, 119, 120, 121, 122, 123, 124, 125]

Anhang B

Messwerte

Die folgenden Tabellen listen die in Kapitel 5 grafisch dargestellten Ergebnisse als Zahlenwerte auf. Dabei handelt es sich um die gemittelten Werte über alle Proben. In der Klammer ist zusätzlich noch die Standardabweichung als Maß für relativen Abweichungen angegeben. Die zugrunde liegenden Messverfahren sind in Kapitel 4 beschrieben. Die verwendeten Abkürzungen der Hersteller sind in Tabelle 3.2 erläutert.

B.1 Impedanzmessung

Werkstoff	Resonanz- / Antiresonanzfrequenzkonstante [Hzm]				relative Permittivität		planarer Koppelfaktor	
	$N_{P,r}$, unbel.	$N_{P,r}$, bel.	$N_{P,a}$, unbel.	$N_{P,a}$, bel.	$\epsilon_{33}^T/\epsilon_0$, unbel.	$\epsilon_{33}^T/\epsilon_0$, bel.	k_P, unbel.	k_P, bel.
Werkstoffgruppe I								
PIC 141	2287 (2.3)	2292 (3.7)	2607 (3.6)	2593 (5.3)	1240 (3.6)	1263 (2.4)	54.1 (0.34)	52.7 (0.49)
PIC 300	2346 (26.8)	2348 (26.8)	2564 (4.5)	2557 (3.1)	978 (53.8)	995 (55.8)	45.3 (2.93)	44.5 (2.76)
SC PKT42	2207 (8.7)	2213 (4.8)	2611 (11.2)	2575 (7.9)	1293 (39.7)	1394 (42.0)	60.4 (0.28)	57.7 (0.56)
SC PKT44	2213 (0.9)	2214 (2.6)	2559 (6.4)	2546 (9.0)	1267 (13.4)	1303 (9.8)	56.7 (0.49)	55.7 (0.80)
ST BM400	2329 (2.4)	2325 (1.6)	2686 (7.4)	2682 (2.1)	1341 (10.6)	1364 (6.4)	56.2 (0.30)	56.3 (0.01)
ST BM740	2441 (4.7)	2434 (84.4)	2615 (1.5)	2522 (96.8)	453 (0.7)	461 (0.0)	40.3 (0.37)	29.3 (1.48)
CT P4	2237 (4.9)	2233 (2.4)	2559 (5.2)	2546 (3.8)	1179 (27.6)	1225 (14.8)	54.8 (0.32)	54.2 (0.42)
APC 842	2284 (3.5)	2277 (6.9)	2608 (2.3)	2590 (2.4)	1310 (1.4)	1381 (4.9)	54.4 (0.43)	53.8 (0.40)
Werkstoffgruppe II								
FP Pz23	2177 (0.6)	2190 (2.7)	2445 (4.3)	2424 (2.9)	1431 (4.4)	1466 (3.9)	51.3 (0.31)	48.3 (0.42)
FP Pz27	1995 (4.7)	2031 (6.7)	2359 (2.2)	2314 (5.3)	1806 (18.3)	1823 (35.7)	60.3 (0.46)	54.1 (0.68)
PIC 155	1991 (4.7)	2016 (8.4)	2437 (7.5)	2328 (8.8)	1185 (22.2)	1300 (17.8)	65.2 (0.53)	56.4 (0.90)
PIC 255	1998 (11.4)	2029 (12.6)	2419 (7.3)	2359 (3.5)	1752 (8.2)	1806 (21.4)	63.7 (0.94)	57.6 (1.00)
M FPM 202	2015 (4.6)	2066 (8.2)	2382 (3.9)	2302 (7.3)	1263 (14.4)	1453 (25.8)	60.3 (0.21)	49.7 (0.69)
ST BM500	2049 (21.3)	2058 (21.4)	2426 (10.8)	2383 (12.3)	1673 (87.0)	1784 (87.0)	60.5 (0.92)	56.9 (0.88)
CT P5	2012 (17.2)	2051 (14.3)	2412 (8.8)	2344 (13.4)	1715 (21.4)	1797 (27.9)	62.3 (1.54)	54.6 (1.49)
TRS 200HD	2162 (21.3)	2166 (21.6)	2549 (4.2)	2516 (8.9)	1789 (51.5)	1853 (53.2)	59.8 (1.33)	57.4 (1.22)
APC 851	2151 (2.3)	2168 (4.4)	2502 (5.1)	2449 (6.7)	2072 (10.8)	2171 (12.2)	57.7 (0.45)	52.4 (0.48)
N PCM51	1917 (2.5)	1961 (8.4)	2429 (3.3)	2313 (4.8)	1779 (24.3)	2001 (42.7)	69.6 (0.17)	59.9 (0.83)
N PCM51stab	1943 (5.3)	2008 (7.3)	2388 (9.3)	2315 (3.1)	2004 (76.3)	1990 (79.7)	65.8 (0.27)	56.1 (0.75)
N PCM53	2232 (7.2)	2267 (53.4)	2523 (6.9)	2508 (24.8)	1549 (13.0)	1586 (15.3)	52.6 (0.18)	47.9 (5.17)
N PCM53stab	2241 (12.3)	2263 (45.7)	2517 (9.6)	2492 (7.7)	1542 (15.1)	1573 (23.5)	51.3 (1.04)	46.9 (4.80)
Werkstoffgruppe III								
PIC 181	2275 (0.9)	2276 (1.8)	2611 (4.2)	2599 (3.3)	1123 (19.0)	1167 (15.9)	55.4 (0.31)	54.5 (0.26)
SC PKT81	2323 (8.3)	2321 (8.0)	2633 (11.1)	2626 (14.7)	1136 (18.0)	1156 (20.6)	53.0 (1.41)	52.7 (1.71)
CT P8	2354 (5.1)	2353 (3.2)	2584 (8.1)	2583 (9.9)	794 (5.3)	807 (5.8)	46.4 (1.17)	46.4 (1.19)
APC 844	2231 (9.2)	2229 (1.2)	2564 (2.9)	2549 (2.0)	1656 (18.4)	1692 (17.7)	55.6 (0.93)	54.8 (0.04)
APC 880	2344 (7.1)	2340 (7.7)	2645 (7.7)	2644 (5.4)	1040 (11.6)	1049 (15.3)	52.2 (0.13)	52.4 (0.37)
APC 881	2344 (7.1)	2340 (7.7)	2645 (7.7)	2644 (5.4)	1040 (11.6)	1049 (15.3)	52.2 (0.13)	52.4 (0.37)

Werkstoff	Resonanz- / Antiresonanzfrequenzkonstante [Hzm]				relative Permittivität		planarer Koppelfaktor	
	$N_{P,r}$, unbel.	$N_{P,r}$, bel.	$N_{P,a}$, unbel.	$N_{P,a}$, bel.	$\epsilon_{33}^T/\epsilon_0$, unbel.	$\epsilon_{33}^T/\epsilon_0$, bel.	k_P, unbel.	k_P, bel.
Werkstoffgruppe IV								
PIC 110	3223 (1.8)	3204 (4.2)	3305 (5.0)	3283 (4.6)	832 (7.4)	871 (7.9)	24.8 (0.94)	24.4 (0.26)
Werkstoffgruppe VI								
FP Pz29	1983 (1.3)	2040 (8.5)	2395 (2.3)	2317 (2.9)	2778 (83.4)	2837 (66.1)	63.4 (0.19)	53.5 (0.82)
PIC 151	1994 (10.1)	2075 (14.0)	2441 (12.9)	2347 (14.7)	2312 (105.3)	2468 (89.1)	65.3 (0.56)	52.6 (1.28)
PIC 153	1965 (5.1)	2085 (6.7)	2413 (5.6)	2306 (9.3)	3963 (32.0)	4023 (59.8)	65.6 (0.37)	48.1 (1.53)
JMC M524.5	2085 (11.0)	2084 (29.0)	2441 (8.8)	2395 (11.2)	2152 (28.6)	2261 (39.1)	58.7 (0.60)	55.6 (1.70)
JMC M1100	1981 (6.9)	2043 (11.3)	2361 (2.4)	2279 (5.7)	4718 (4.8)	4675 (47.5)	61.5 (0.65)	50.0 (0.81)
JMC M1334	2071 (0.9)	2100 (4.9)	2409 (2.3)	2342 (1.7)	3359 (21.8)	3506 (32.0)	57.7 (0.19)	49.9 (0.54)
JMC M1876	2020 (4.6)	2127 (18.4)	2385 (8.3)	2271 (9.5)	6320 (75.0)	6304 (100.5)	60.0 (0.53)	39.4 (3.17)
JMC M8042	2022 (6.4)	2046 (15.7)	2323 (9.1)	2280 (14.5)	1649 (32.1)	1749 (29.5)	55.5 (0.60)	49.6 (2.22)
TRS 610HD	1952 (24.1)	2008 (14.8)	2466 (3.9)	2346 (20.7)	3790 (77.5)	4097 (79.7)	69.2 (1.33)	58.4 (1.13)
TRS HK1HD	1973 (2.5)	2082 (49.4)	2446 (1.0)	2313 (29.1)	6613 (47.2)	5027 (2163.2)	67.0 (0.10)	48.5 (7.06)
APC 854	2048 (4.2)	2088 (19.1)	2514 (3.9)	2344 (12.8)	3014 (57.3)	3712 (63.6)	65.6 (0.06)	51.2 (2.91)
Werkstoffgruppe VII								
ST BM300	2739 (3.1)	2738 (7.0)	2741 (3.2)	2743 (3.2)	187 (1.4)	188 (1.4)	4.5 (0.05)	6.8 (2.61)
Werkstoffgruppe VIII								
ST BM921	3473 (19.4)	3494 (3.2)	3538 (19.4)	3551 (2.4)	175 (2.8)	187 (5.7)	21.5 (0.06)	20.1 (0.13)
ST BM941	1927 (3.7)	1850 (64.8)	2014 (21.2)	1979 (55.6)	659 (56.6)	684 (52.3)	32.5 (4.45)	39.9 (1.93)
Werkstoffgruppe IX								
FP Pz37	1849 (12.9)	1889 (6.8)	1978 (10.4)	1957 (9.5)	1121 (28.3)	1160 (26.2)	39.9 (0.66)	29.3 (0.60)
FP Pz46	2532 (0.8)	2534 (0.9)	2533 (0.8)	2535 (0.9)	121 (0.7)	121 (0.0)	2.8 (0.08)	2.8 (0.03)
PIC 700	3033 (15.9)	2860 (183.5)	3053 (14.3)	2884 (184.2)	557 (5.4)	556 (5.9)	12.9 (1.01)	14.3 (3.28)
TRS X2A	1323 (4.1)	1340 (10.8)	1860 (6.3)	1728 (67.9)	4492 (51.3)	3868 (467.0)	80.1 (0.07)	71.3 (4.85)
TRS X2B	1215 (44.5)	1244 (52.7)	1750 (56.9)	1671 (70.2)	4799 (234.7)	4454 (577.9)	82.0 (3.53)	75.3 (7.17)
iB PMNT	1276 (27.8)	1304 (70.1)	1726 (27.8)	1699 (147.7)	5016 (313.8)	3541 (245.5)	76.6 (1.34)	69.9 (15.79)

Tab. B.1: Messwerte der Impedanzmessung

B.2 Kleinsignalmessung unter mechanischer Stimulation

Werkstoff	Piezoelektrische Ladungskonstante d_{33}^{G} [pC/N]			Piezoelektrische Spannungskonstante g_{33}^{G} [10^{-3}Vm/N]		
	Ausgangszustand	nach 1. Belastung	nach 2. Belastung	Ausgangszustand	nach 1. Belastung	nach 2. Belastung
Werkstoffgruppe I						
PIC 141	209 (6.7)	202 (10.3)	195 (7.4)	19.1 (0.31)	17.7 (0.81)	16.9 (1.21)
PIC 300	150 (2.2)	151 (9.4)	149 (9.7)	15.5 (0.93)	15.1 (1.46)	14.9 (1.48)
SC PKT42	247 (6.4)	221 (9.2)	199 (5.0)	20.3 (0.34)	15.9 (0.74)	14.9 (0.74)
SC PKT44	212 (8.0)	219 (10.4)	216 (11.2)	19.4 (0.42)	18.2 (0.40)	17.6 (0.42)
ST BM400	223 (0.5)	253 (0.4)	252 (4.4)	19.9 (0.01)	20.1 (0.07)	20.1 (0.12)
ST BM740	124 (0.2)	124 (1.7)	121 (0.7)	27.0 (0.43)	25.0 (1.18)	25.2 (0.14)
CT P4	236 (7.3)	261 (7.2)	264 (12.8)	21.0 (2.34)	22.0 (0.41)	21.8 (0.30)
APC 842	259 (7.2)	274 (21.3)	271 (14.7)	23.6 (0.05)	23.0 (2.13)	22.0 (1.25)
Werkstoffgruppe II						
FP Pz23	245 (2.3)	194 (5.4)	188 (6.5)	20.0 (0.13)	14.4 (0.63)	13.8 (0.63)
FP Pz27	290 (13.3)	202 (21.1)	192 (18.9)	19.9 (1.06)	12.5 (1.29)	11.8 (1.64)
PIC 155	316 (21.8)	127 (36.2)	101 (42.2)	27.8 (3.35)	9.3 (1.93)	7.2 (2.04)
PIC 255	330 (26.0)	207 (36.7)	192 (39.4)	21.4 (2.39)	12.5 (2.52)	11.9 (2.58)
M FPM 202	231 (8.4)	176 (7.4)	161 (7.1)	20.4 (0.49)	12.1 (0.61)	11.0 (0.55)
ST BM500	289 (25.8)	237 (5.2)	230 (1.6)	21.7 (1.35)	15.1 (0.26)	14.5 (0.25)
CT P5	322 (5.6)	237 (4.6)	223 (5.1)	23.6 (0.96)	14.6 (0.46)	13.6 (0.45)
TRS 200HD	271 (6.0)	241 (2.7)	238 (1.9)	19.0 (0.95)	14.5 (0.38)	14.3 (0.38)
APC 851	289 (15.1)	212 (27.6)	198 (27.7)	16.2 (0.37)	10.8 (2.02)	10.0 (1.88)
N PCM51	329 (12.6)	224 (23.6)	207 (23.0)	25.0 (0.92)	12.9 (1.01)	12.0 (0.99)
N PCM51stab	315 (2.5)	218 (15.1)	213 (9.6)	21.8 (0.63)	12.2 (0.98)	11.8 (0.62)
N PCM53	215 (4.9)	193 (10.9)	182 (8.4)	15.3 (0.38)	12.9 (0.63)	12.3 (0.50)
N PCM53stab	207 (16.5)	179 (16.9)	171 (16.2)	14.7 (0.82)	12.1 (1.19)	11.6 (1.10)
Werkstoffgruppe III						
PIC 181	213 (12.2)	217 (12.2)	215 (16.1)	20.4 (0.81)	20.2 (1.02)	19.4 (1.37)
SC PKT81	206 (7.1)	223 (7.3)	220 (6.6)	21.0 (0.73)	20.8 (0.69)	20.7 (0.59)
CT P8	167 (8.5)	176 (8.7)	179 (8.9)	20.7 (1.45)	22.0 (0.96)	22.1 (0.78)
APC 844	235 (12.8)	239 (8.8)	245 (7.9)	16.9 (1.71)	15.8 (1.41)	14.9 (0.37)
APC 880	224 (7.5)	233 (8.9)	235 (13.5)	22.6 (1.57)	22.3 (1.00)	21.5 (0.99)
APC 881	201 (25.7)	211 (18.1)	213 (20.5)	21.5 (1.13)	21.4 (1.00)	21.5 (1.11)
Werkstoffgruppe IV						
PIC 110	90 (2.2)	72 (1.0)	70 (3.1)	10.7 (0.31)	8.3 (0.12)	7.9 (0.38)

Werkstoff	Piezoelektrische Ladungskonstante d_{33}^G [pC/N]			Piezoelektrische Spannungskonstante g_{33}^G [10^{-3}Vm/N]		
	Ausgangszustand	nach 1. Belastung	nach 2. Belastung	Ausgangszustand	nach 1. Belastung	nach 2. Belastung
Werkstoffgruppe VI						
FP Pz29	372 (3.9)	187 (9.7)	170 (4.0)	17.6 (0.63)	7.6 (0.67)	6.8 (0.36)
PIC 151	364 (9.6)	200 (41.4)	174 (22.1)	17.0 (0.66)	8.9 (1.73)	7.4 (0.76)
PIC 153	463 (12.2)	233 (12.7)	203 (14.0)	16.1 (0.51)	6.5 (0.37)	5.6 (0.49)
JMC M524.5	306 (3.1)	270 (16.7)	265 (19.0)	16.6 (0.93)	13.4 (1.09)	13.2 (1.41)
JMC M1100	410 (7.1)	252 (23.0)	221 (21.3)	11.1 (0.96)	6.0 (0.46)	5.3 (0.50)
JMC M1334	314 (10.7)	240 (15.9)	228 (16.6)	11.2 (0.44)	7.6 (0.76)	7.2 (0.55)
JMC M1876	440 (12.4)	129 (41.7)	115 (44.8)	7.7 (0.66)	2.1 (0.70)	1.9 (0.75)
JMC M8042	267 (16.3)	191 (16.1)	169 (23.3)	17.2 (0.84)	11.6 (1.39)	10.1 (1.68)
TRS 610HD	513 (27.7)	302 (23.4)	272 (6.3)	17.2 (1.19)	8.5 (0.66)	7.3 (0.09)
TRS HK1HD	554 (13.0)	151 (17.0)	152 (76.5)	11.1 (0.38)	2.7 (0.37)	3.3 (2.66)
APC 854	429 (11.1)	224 (18.0)	198 (47.7)	18.0 (0.88)	6.6 (0.86)	6.1 (1.84)
Werkstoffgruppe VII						
ST BM300	48 (0.0)	46 (0.2)	46 (0.0)	20.3 (0.41)	19.4 (0.04)	19.1 (0.28)
Werkstoffgruppe VIII						
ST BM921	52 (5.2)	40 (1.6)	38 (0.3)	22.4 (2.22)	16.8 (0.41)	15.4 (0.53)
ST BM941	150 (1.9)	141 (3.1)	142 (3.8)	21.5 (2.24)	19.9 (1.86)	19.2 (1.47)
Werkstoffgruppe IX						
FP Pz37	279 (5.9)	171 (7.8)	150 (19.8)	25.9 (0.30)	14.9 (0.89)	13.0 (1.95)
FP Pz46	18 (0.5)	18 (0.7)	18 (0.5)	10.0 (0.13)	10.2 (0.19)	10.1 (0.37)
PIC 700	95 (5.6)	83 (3.5)	82 (3.2)	16.1 (1.06)	13.9 (0.70)	13.9 (0.63)
TRS X2A	467 (9.6)	299 (214.1)	272 (197.9)	22.0 (0.27)	6.8 (4.46)	6.3 (4.30)
TRS X2B	503 (25.4)	378 (164.0)	375 (173.4)	24.9 (1.30)	9.7 (4.64)	8.7 (4.54)
iB PMNT	523 (56.1)	223 (141.1)	198 (138.5)	19.7 (1.07)	5.4 (3.29)	4.7 (3.19)

Tab. B.2: Messergebnisse der Kleinsignalmessung unter mechanischer Stimulation

B.3 Laden eines Kondensators

B.3.1 Mechanische Randbedingung T_3 = 1 MPa

Werkstoff	Spannung U_{max} [V]			Zeitkonstante τ [ms]			max. Strom I_{max} [μA]		
	Ausgang.	n. 1. Belast.	n. 2. Belast.	Ausgang.	n. 1. Belast.	n. 2. Belast.	Ausgang.	n. 1. Belast.	n. 2. Belast.
Werkstoffgruppe I									
PiC 141	8.82 (0.19)	8.21 (0.44)	7.94 (0.44)	128 (1.0)	122 (1.3)	123 (1.0)	0.96 (0.033)	0.99 (0.036)	0.95 (0.035)
PiC 300	7.50 (0.51)	7.34 (0.69)	7.22 (0.66)	153 (7.7)	148 (3.7)	147 (3.6)	0.62 (0.027)	0.68 (0.120)	0.67 (0.099)
SC PKT42	9.06 (0.20)	7.14 (0.28)	6.45 (0.24)	112 (1.8)	102 (4.5)	103 (1.7)	1.22 (0.028)	1.06 (0.052)	0.99 (0.036)
SC PKT44	9.06 (0.39)	8.38 (0.15)	8.15 (0.11)	130 (5.0)	115 (3.4)	116 (8.1)	1.06 (0.026)	1.12 (0.050)	1.03 (0.092)
ST BM400	9.04 (0.29)	9.13 (0.00)	9.08 (0.03)	121 (1.3)	109 (1.1)	112 (1.1)	1.05 (0.000)	1.22 (0.017)	1.23 (0.000)
ST BM740	11.92 (0.15)	11.00 (0.27)	11.13 (0.08)	267 (4.3)	249 (10.5)	259 (2.8)	0.64 (0.121)	0.66 (0.021)	0.65 (0.014)
CT P4	11.56 (0.18)	11.44 (0.17)	11.31 (0.21)	146 (5.8)	132 (2.8)	129 (5.2)	1.04 (0.051)	1.17 (0.093)	1.21 (0.056)
APC 842	10.84 (0.13)	10.47 (0.93)	10.09 (0.57)	124 (4.1)	116 (2.5)	114 (0.4)	1.21 (0.080)	1.37 (0.149)	1.27 (0.058)
Werkstoffgruppe II									
FP Pz23	9.26 (0.14)	6.56 (0.29)	6.26 (0.31)	115 (4.6)	105 (2.2)	104 (1.6)	1.11 (0.068)	0.88 (0.074)	0.87 (0.045)
FP Pz27	9.04 (0.43)	5.63 (0.57)	5.30 (0.75)	96 (0.8)	89 (4.6)	89 (3.0)	1.29 (0.122)	0.95 (0.144)	0.93 (0.101)
PiC 155	13.17 (1.82)	4.14 (0.99)	3.44 (0.94)	127 (11.6)	113 (17.8)	113 (20.9)	1.28 (0.057)	0.56 (0.136)	0.51 (0.173)
PiC 255	10.10 (1.18)	5.89 (1.15)	5.53 (1.17)	92 (7.8)	91 (6.1)	96 (7.9)	1.33 (0.117)	0.92 (0.215)	0.85 (0.232)
M FPM 202	9.46 (0.26)	5.52 (0.25)	4.97 (0.31)	125 (2.2)	103 (1.5)	101 (1.8)	1.04 (0.035)	0.79 (0.026)	0.72 (0.052)
ST BM500	10.03 (0.58)	6.78 (0.04)	6.66 (0.04)	105 (3.1)	91 (3.2)	91 (2.2)	1.19 (0.054)	1.16 (0.001)	1.05 (0.113)
CT P5	10.03 (0.48)	6.14 (0.27)	5.73 (0.30)	98 (9.2)	83 (2.8)	84 (2.0)	1.46 (0.153)	1.18 (0.054)	1.09 (0.053)
TRS 200HD	8.63 (0.49)	6.54 (0.18)	6.45 (0.17)	100 (1.8)	85 (1.5)	86 (1.9)	1.22 (0.090)	1.18 (0.026)	1.13 (0.027)
APC 851	7.23 (0.25)	5.22 (0.49)	4.32 (0.91)	81 (5.3)	76 (4.3)	73 (3.1)	1.33 (0.169)	1.10 (0.035)	0.97 (0.127)
N PCM51	11.82 (0.51)	6.03 (0.52)	5.69 (0.52)	108 (2.9)	88 (4.3)	89 (3.9)	1.53 (0.077)	1.05 (0.096)	0.97 (0.137)
N PCM51stab	10.17 (0.56)	5.73 (0.43)	5.56 (0.34)	95 (4.9)	85 (2.6)	87 (5.3)	1.44 (0.172)	1.01 (0.089)	1.00 (0.042)
N PCM53	7.06 (0.27)	5.88 (0.34)	5.58 (0.28)	109 (14.0)	98 (5.6)	96 (2.5)	1.02 (0.064)	0.95 (0.083)	0.94 (0.072)
N PCM53stab	6.78 (0.49)	5.52 (0.63)	5.28 (0.49)	100 (3.6)	99 (1.9)	96 (1.5)	1.04 (0.102)	0.89 (0.072)	0.84 (0.076)
Werkstoffgruppe III									
PiC 181	9.30 (0.43)	9.19 (0.48)	8.82 (0.58)	134 (8.0)	126 (3.7)	124 (2.4)	0.92 (0.064)	1.04 (0.064)	0.91 (0.084)
SC PKT81	9.70 (0.46)	9.67 (0.31)	9.66 (0.23)	142 (1.0)	130 (1.5)	132 (1.6)	0.98 (0.081)	1.12 (0.021)	1.09 (0.062)
CT P8	9.81 (0.41)	10.19 (0.49)	10.11 (0.48)	174 (2.3)	170 (1.9)	167 (3.1)	0.79 (0.080)	0.88 (0.082)	0.89 (0.022)
APC 844	7.91 (0.84)	7.47 (0.66)	6.90 (0.30)	103 (2.4)	97 (5.9)	90 (0.2)	1.20 (0.071)	1.21 (0.037)	1.16 (0.048)
APC 880	10.52 (0.68)	10.25 (0.46)	9.92 (0.43)	139 (4.1)	131 (4.1)	127 (4.9)	1.06 (0.071)	1.12 (0.055)	1.15 (0.043)
APC 881	9.90 (0.44)	9.80 (0.33)	9.78 (0.55)	147 (13.7)	140 (7.8)	138 (8.9)	1.04 (0.126)	1.06 (0.114)	1.07 (0.137)

Werkstoff	Spannung U_{max} [V] Ausgang.	n. 1. Belast.	n. 2. Belast.	Zeitkonstante τ [ms] Ausgang.	n. 1. Belast.	n. 2. Belast.	max. Strom I_{max} [μA] Ausgang.	n. 1. Belast.	n. 2. Belast.
				Werkstoffgruppe IV					
PiC 110	4.75 (0.12)	3.57 (0.12)	3.43 (0.18)	165 (2.8)	161 (0.6)	164 (2.9)	0.43 (0.022)	0.38 (0.007)	0.36 (0.023)
				Werkstoffgruppe VI					
FP Pz29	7.73 (0.30)	3.07 (0.28)	2.80 (0.12)	66 (2.2)	64 (1.1)	63 (1.0)	1.64 (0.126)	0.83 (0.051)	0.79 (0.029)
PiC 151	7.95 (0.28)	4.06 (0.85)	3.36 (0.31)	70 (3.5)	73 (3.2)	70 (4.6)	1.39 (0.027)	0.83 (0.164)	0.76 (0.151)
PiC 153	7.48 (0.30)	2.77 (0.20)	2.35 (0.25)	53 (0.9)	50 (1.3)	53 (2.7)	1.96 (0.074)	1.03 (0.057)	0.86 (0.051)
JMC M524.5	7.75 (0.47)	6.16 (0.47)	5.99 (0.61)	81 (3.8)	75 (1.6)	75 (1.1)	1.31 (0.100)	1.18 (0.065)	1.20 (0.112)
JMC M1100	5.15 (0.44)	2.65 (0.17)	2.34 (0.26)	46 (1.8)	60 (27.1)	57 (7.2)	1.53 (0.107)	0.98 (0.137)	0.88 (0.143)
JMC M1334	5.31 (0.22)	3.46 (0.43)	3.32 (0.32)	59 (2.1)	59 (3.9)	59 (0.2)	1.22 (0.075)	0.95 (0.071)	0.91 (0.080)
JMC M1876	5.19 (3.09)	0.91 (0.45)	0.76 (0.43)	31 (4.9)	131 (23.4)	131 (26.4)	2.39 (1.754)	0.43 (0.211)	0.40 (0.178)
JMC M8042	8.25 (0.43)	5.37 (0.72)	4.69 (0.89)	98 (7.4)	93 (3.3)	93 (3.4)	1.17 (0.075)	0.90 (0.090)	0.77 (0.109)
TRS 610HD	7.95 (0.71)	3.79 (0.29)	3.25 (0.06)	50 (4.1)	46 (1.8)	45 (1.5)	2.18 (0.112)	1.24 (0.106)	1.14 (0.045)
TRS HK1HD	5.09 (0.22)	1.03 (0.20)	0.72 (0.18)	32 (1.3)	97 (17.3)	122 (16.1)	2.09 (0.068)	0.57 (0.076)	0.44 (0.049)
APC 854	8.42 (0.47)	2.90 (0.57)	2.63 (0.88)	62 (1.6)	52 (2.1)	57 (4.2)	1.92 (0.022)	0.99 (0.041)	0.83 (0.239)
				Werkstoffgruppe VII					
ST BM300	7.00 (0.09)	6.69 (0.00)	6.59 (0.13)	376 (4.2)	374 (1.6)	376 (3.8)	0.29 (0.040)	0.29 (0.045)	0.25 (0.005)
				Werkstoffgruppe VIII					
ST BM921	7.81 (0.80)	5.80 (0.07)	5.50 (0.18)	383 (3.8)	380 (7.3)	380 (6.7)	0.28 (0.007)	0.25 (0.023)	0.25 (0.047)
ST BM941	9.56 (0.88)	8.91 (0.84)	8.53 (0.75)	191 (15.8)	186 (13.2)	180 (7.9)	0.76 (0.010)	0.73 (0.078)	0.74 (0.053)
				Werkstoffgruppe IX					
FP Pz37	11.97 (0.08)	6.75 (0.46)	5.79 (0.91)	129 (2.4)	124 (3.2)	124 (1.0)	1.36 (0.022)	0.86 (0.048)	0.75 (0.112)
FP Pz46	2.98 (0.02)	3.01 (0.02)	2.97 (0.13)	426 (1.4)	424 (3.6)	425 (3.1)	0.13 (0.009)	0.14 (0.027)	0.12 (0.008)
PiC 700	7.06 (0.42)	6.04 (0.32)	5.96 (0.31)	222 (1.6)	222 (1.1)	221 (3.0)	0.49 (0.031)	0.43 (0.022)	0.43 (0.016)
TRS X2A	10.22 (0.12)	3.01 (2.12)	2.78 (1.92)	69 (0.7)	83 (74.3)	116 (130.5)	2.14 (0.034)	1.12 (0.779)	1.05 (0.746)
TRS X2B	11.61 (0.44)	4.25 (2.10)	3.97 (2.24)	71 (2.4)	44 (6.0)	48 (14.7)	2.19 (0.145)	1.55 (0.676)	1.47 (0.695)
iB PMNT	9.05 (0.43)	2.22 (1.55)	1.98 (1.39)	56 (6.0)	85 (53.1)	97 (69.6)	2.26 (0.241)	0.86 (0.586)	0.75 (0.506)

Tab. B.3: Messergebnisse der Aufladung eines Speicherkondensators unter mechanischer Stimulation von 1 MPa

B.3.2 Elektrische Zielvorgabe U_{max} = 10 V

Werkstoff	mech. Spannung T_{pp} [MPa] Ausgang.	n. 1. Belast.	n. 2. Belast.	Zeitkonstante τ [ms] Ausgang.	n. 1. Belast.	n. 2. Belast.	max. Strom I_{max} [μA] Ausgang.	n. 1. Belast.	n. 2. Belast.
Werkstoffgruppe I									
PiC 141	1.16 (0.02)	1.24 (0.06)	1.30 (0.06)	128 (1.4)	121 (1.2)	122 (1.6)	1.10 (0.038)	1.23 (0.093)	1.18 (0.037)
PiC 300	1.33 (0.06)	1.37 (0.10)	1.37 (0.11)	151 (6.0)	146 (4.2)	147 (3.5)	0.81 (0.087)	0.90 (0.126)	0.92 (0.029)
SC PKT42	1.12 (0.02)	1.21 (0.01)	1.52 (0.05)	114 (0.9)	117 (3.3)	102 (1.6)	1.27 (0.045)	1.23 (0.084)	1.43 (0.058)
SC PKT44	1.12 (0.03)	1.21 (0.01)	1.24 (0.01)	129 (3.0)	117 (3.3)	116 (4.9)	1.08 (0.062)	1.23 (0.084)	1.23 (0.089)
ST BM400	1.11 (0.01)	1.11 (0.01)	1.11 (0.00)	124 (0.9)	109 (0.0)	109 (0.6)	1.16 (0.035)	1.35 (0.052)	1.35 (0.015)
ST BM740	0.87 (0.00)	0.94 (0.03)	0.93 (0.01)	267 (0.1)	253 (9.8)	258 (3.7)	0.56 (0.096)	0.59 (0.002)	0.56 (0.027)
CT P4	0.90 (0.01)	0.92 (0.03)	0.93 (0.02)	146 (5.7)	132 (3.0)	129 (4.7)	0.94 (0.039)	1.08 (0.079)	1.11 (0.067)
APC 842	0.94 (0.00)	0.97 (0.08)	1.01 (0.05)	125 (3.0)	115 (2.4)	113 (0.7)	1.10 (0.003)	1.32 (0.029)	1.25 (0.038)
Werkstoffgruppe II									
FP Pz23	1.09 (0.01)	1.53 (0.06)	1.60 (0.06)	115 (1.3)	102 (2.3)	102 (1.8)	1.14 (0.079)	1.35 (0.117)	1.37 (0.104)
FP Pz27	1.13 (0.05)	1.77 (0.15)	1.88 (0.25)	95 (0.9)	86 (2.5)	84 (3.2)	1.45 (0.080)	1.66 (0.115)	1.68 (0.106)
PiC 155	0.81 (0.11)	2.23 (0.57)	2.73 (0.60)	129 (11.1)	107 (16.4)	104 (15.1)	1.07 (0.116)	1.27 (0.197)	1.36 (0.202)
PiC 255	1.01 (0.12)	1.69 (0.29)	1.77 (0.31)	95 (11.5)	89 (6.4)	90 (6.3)	1.33 (0.190)	1.51 (0.088)	1.50 (0.123)
M FPM 202	1.08 (0.02)	1.79 (0.09)	1.94 (0.08)	125 (2.2)	95 (1.7)	96 (1.6)	1.04 (0.025)	1.51 (0.085)	1.48 (0.070)
ST BM500	1.02 (0.08)	1.47 (0.02)	1.52 (0.02)	105 (2.4)	88 (3.2)	88 (3.0)	1.18 (0.018)	1.74 (0.085)	1.76 (0.037)
CT P5	1.00 (0.04)	1.60 (0.06)	1.72 (0.09)	97 (6.7)	81 (2.7)	81 (2.3)	1.44 (0.162)	1.87 (0.103)	1.87 (0.115)
TRS 200HD	1.17 (0.05)	1.51 (0.04)	1.53 (0.05)	97 (3.4)	85 (1.7)	85 (2.3)	1.43 (0.084)	1.76 (0.140)	1.79 (0.074)
APC 851	1.35 (0.01)	1.99 (0.32)	2.18 (0.41)	79 (3.8)	71 (3.4)	68 (4.2)	1.64 (0.253)	2.14 (0.165)	2.27 (0.139)
N PCM51	0.86 (0.04)	1.70 (0.17)	1.79 (0.19)	111 (1.3)	83 (2.9)	85 (2.1)	1.32 (0.056)	1.73 (0.109)	1.68 (0.129)
N PCM51stab	1.01 (0.06)	1.74 (0.13)	1.83 (0.09)	96 (6.6)	80 (0.8)	78 (2.0)	1.40 (0.291)	1.86 (0.051)	1.91 (0.116)
N PCM53	1.40 (0.04)	1.66 (0.08)	1.74 (0.08)	100 (2.3)	95 (2.0)	94 (2.0)	1.41 (0.072)	1.57 (0.106)	1.60 (0.114)
N PCM53stab	1.47 (0.11)	1.74 (0.11)	1.81 (0.14)	98 (3.6)	94 (0.8)	94 (1.4)	1.41 (0.151)	1.54 (0.105)	1.49 (0.090)
Werkstoffgruppe III									
PiC 181	1.09 (0.02)	1.12 (0.06)	1.15 (0.06)	133 (6.6)	128 (3.1)	125 (2.9)	0.99 (0.027)	1.09 (0.034)	1.02 (0.043)
SC PKT81	1.04 (0.04)	1.05 (0.03)	1.06 (0.02)	142 (0.2)	132 (1.5)	131 (2.8)	0.99 (0.068)	1.09 (0.011)	1.10 (0.029)
CT P8	1.05 (0.06)	1.02 (0.06)	1.01 (0.04)	173 (2.0)	170 (2.4)	168 (3.2)	0.83 (0.065)	0.87 (0.065)	0.87 (0.060)
APC 844	1.26 (0.11)	1.37 (0.11)	1.46 (0.07)	105 (4.7)	97 (4.5)	89 (1.0)	1.38 (0.097)	1.60 (0.073)	1.80 (0.053)
APC 880	0.99 (0.08)	1.01 (0.06)	1.04 (0.05)	138 (2.7)	131 (4.7)	126 (4.9)	1.05 (0.057)	1.12 (0.053)	1.19 (0.053)
APC 881	1.03 (0.04)	1.04 (0.04)	1.06 (0.07)	147 (12.0)	140 (7.6)	137 (7.0)	1.02 (0.074)	1.05 (0.095)	1.10 (0.100)
Werkstoffgruppe IV									
PiC 110	2.02 (0.03)	2.58 (0.03)	2.71 (0.09)	162 (1.2)	153 (0.9)	154 (2.1)	0.83 (0.056)	0.93 (0.040)	0.96 (0.047)

Werkstoff	mech. Spannung T_{pp} [MPa]			Zeitkonstante τ [ms]			max. Strom I_{max} [μA]		
	Ausgang.	n. 1. Belast.	n. 2. Belast.	Ausgang.	n. 1. Belast.	n. 2. Belast.	Ausgang.	n. 1. Belast.	n. 2. Belast.
				Werkstoffgruppe VI					
FP Pz29	1.30 (0.05)	2.94 (0.15)	3.18 (0.19)	65 (2.9)	55 (1.3)	55 (1.7)	2.11 (0.144)	2.62 (0.177)	2.63 (0.188)
PiC 151	1.26 (0.05)	2.38 (0.47)	2.77 (0.30)	69 (3.7)	65 (1.4)	63 (1.6)	1.87 (0.254)	2.13 (0.079)	2.19 (0.219)
PiC 153	1.35 (0.05)	3.45 (0.17)	3.96 (0.28)	51 (0.9)	41 (1.5)	41 (1.3)	2.60 (0.249)	3.31 (0.151)	3.35 (0.423)
JMC M524.5	1.30 (0.07)	1.60 (0.10)	1.63 (0.14)	79 (3.0)	73 (2.3)	73 (2.6)	1.61 (0.195)	1.99 (0.101)	1.98 (0.089)
JMC M1100	1.92 (0.17)	3.51 (0.19)	3.91 (0.21)	41 (3.0)	36 (1.4)	36 (1.2)	3.03 (0.195)	3.60 (0.247)	3.58 (0.336)
JMC M1334	1.84 (0.05)	2.75 (0.24)	2.85 (0.16)	55 (1.4)	48 (2.0)	48 (1.4)	2.33 (0.183)	2.78 (0.105)	2.77 (0.087)
JMC M1876	2.56 (0.18)	8.54 (1.61)	8.19 (1.73)	29 (3.2)	25 (1.6)	26 (0.7)	4.30 (0.569)	5.46 (0.639)	5.35 (0.199)
JMC M8042	1.25 (0.06)	1.42 (0.05)	2.09 (0.33)	94 (7.1)	99 (4.5)	85 (4.7)	1.49 (0.132)	1.45 (0.078)	1.66 (0.069)
TRS 610HD	1.25 (0.09)	2.57 (0.10)	2.97 (0.15)	49 (4.7)	41 (1.9)	40 (1.0)	2.72 (0.321)	3.22 (0.191)	3.39 (0.104)
TRS HK1HD	1.93 (0.08)	7.20 (0.16)	8.65 (0.43)	29 (2.2)	27 (0.5)	26 (0.8)	4.25 (0.256)	4.77 (0.445)	5.07 (0.351)
APC 854	1.19 (0.05)	3.31 (0.38)	3.48 (0.79)	61 (0.9)	43 (1.6)	44 (3.0)	2.28 (0.045)	3.21 (0.212)	3.05 (0.503)
				Werkstoffgruppe VII					
ST BM300	1.44 (0.03)	1.51 (0.01)	1.53 (0.05)	375 (1.7)	373 (1.5)	373 (7.9)	0.36 (0.025)	0.35 (0.016)	0.39 (0.027)
				Werkstoffgruppe VIII					
ST BM921	1.29 (0.12)	1.66 (0.01)	1.78 (0.01)	378 (2.2)	378 (10.0)	373 (3.6)	0.36 (0.018)	0.37 (0.008)	0.38 (0.005)
ST BM941	1.07 (0.10)	1.14 (0.09)	1.19 (0.10)	191 (14.1)	186 (10.0)	183 (8.2)	0.79 (0.041)	0.78 (0.079)	0.85 (0.077)
				Werkstoffgruppe IX					
FP Pz37	0.86 (0.02)	1.50 (0.09)	1.74 (0.24)	131 (2.5)	120 (3.2)	119 (2.2)	1.14 (0.070)	1.22 (0.113)	1.25 (0.055)
FP Pz46	3.28 (0.08)	3.34 (0.11)	3.35 (0.04)	414 (5.6)	416 (2.4)	417 (0.6)	0.29 (0.019)	0.31 (0.025)	0.33 (0.010)
PiC 700	1.42 (0.09)	1.64 (0.08)	1.67 (0.07)	219 (2.0)	216 (4.1)	217 (1.8)	0.66 (0.021)	0.67 (0.023)	0.72 (0.014)
TRS X2A	0.99 (0.01)	5.34 (3.97)	5.73 (4.33)	68 (0.8)	30 (2.8)	32 (1.2)	2.05 (0.078)	4.94 (1.061)	4.47 (0.731)
TRS X2B	0.87 (0.05)	2.72 (1.36)	3.19 (1.77)	73 (5.5)	36 (4.2)	33 (4.6)	1.90 (0.111)	3.72 (0.272)	3.87 (0.514)
iB PMNT	1.11 (0.06)	6.46 (3.95)	7.10 (4.02)	54 (3.8)	29 (2.8)	28 (2.5)	2.50 (0.173)	4.85 (1.288)	4.76 (0.838)

Tab. B.4: Laden eines Kondensators unter definierter Einstellung der dynamischen Belastung mit dem Ziel einer elektrischen Spannung von 10 V auf dem Speicherkondensator am Ende der Messzeit

B.4 Großsignalmessung

B.4.1 Piezoelektrische Großsignalladungskonstante

Werkstoff	piezoelektrische Ladungskonstante $d_{33}^{G,GS}$ [pC/N]						mechanische Spannung T_3 bei maximalem $d_{33}^{G,GS}$	
	1. Messung			2. Messung				
	Startwert	Maximalwert	Endwert	Startwert	Maximalwert	Endwert	1. Messung	2. Messung
Werkstoffgruppe I								
PIC 141	182 (1.9)	255 (8.6)	255 (8.6)	176 (16.4)	242 (3.4)	241 (1.1)	69.2 (0.6)	53.7 (22.1)
PIC 300	137 (16.4)	219 (28.4)	213 (21.7)	127 (15.2)	204 (20.8)	204 (20.7)	27.4 (13.4)	32.3 (27.5)
SC PKT42	238 (8.6)	385 (9.5)	383 (6.6)	202 (2.8)	329 (4.7)	329 (4.7)	59.5 (12.4)	68.1 (1.5)
SC PKT44	214 (19.0)	335 (27.1)	332 (21.9)	206 (11.4)	325 (34.4)	320 (27.8)	58.9 (14.9)	52.2 (25.0)
ST BM400	215 (0.0)	302 (0.0)	302 (0.0)	228 (0.0)	292 (0.0)	292 (0.0)	70.0 (0.0)	70.1 (0.0)
ST BM740	106 (0.0)	151 (0.0)	151 (0.0)	108 (0.0)	145 (0.0)	145 (0.0)	69.1 (0.0)	69.0 (0.0)
CT P4	245 (4.4)	356 (4.9)	356 (4.9)	242 (15.7)	351 (5.1)	351 (5.1)	69.2 (1.7)	69.7 (1.5)
APC 842	228 (0.0)	329 (0.0)	329 (0.0)	227 (0.0)	342 (0.0)	336 (0.0)	52.0 (0.0)	19.2 (0.0)
Werkstoffgruppe II								
FP Pz23	226 (4.8)	270 (3.1)	242 (2.4)	187 (2.6)	247 (4.3)	236 (0.2)	10.2 (0.0)	13.9 (0.4)
FP Pz27	266 (26.7)	339 (2.0)	301 (0.2)	183 (15.2)	281 (1.1)	281 (1.1)	13.8 (0.0)	67.4 (1.1)
PIC 155	251 (34.8)	366 (10.0)	234 (2.1)	83 (30.5)	231 (7.5)	229 (4.9)	7.5 (3.8)	52.6 (21.4)
PIC 255	294 (13.4)	404 (15.6)	303 (42.5)	166 (20.5)	286 (36.6)	285 (35.6)	10.1 (4.4)	60.7 (12.7)
M FPM 202	208 (51.9)	343 (16.9)	258 (13.2)	148 (14.9)	246 (4.7)	237 (1.8)	11.3 (2.9)	28.8 (13.2)
ST BM500	251 (0.0)	321 (0.0)	321 (0.0)	223 (0.0)	307 (0.0)	307 (0.0)	69.2 (0.0)	52.4 (0.0)
CT P5	303 (21.3)	394 (46.7)	345 (3.7)	214 (6.9)	325 (6.8)	325 (6.8)	12.9 (0.5)	65.2 (0.7)
TRS 200 HD	265 (0.3)	336 (12.6)	313 (30.2)	235 (12.2)	298 (25.6)	286 (10.0)	13.4 (0.2)	25.4 (16.7)
APC 851	266 (0.0)	341 (0.0)	336 (0.0)	222 (0.0)	309 (0.0)	299 (0.0)	49.0 (0.0)	36.9 (0.0)
N PCM51	321 (13.8)	431 (59.9)	344 (2.3)	215 (12.1)	311 (2.0)	306 (5.5)	12.0 (3.6)	46.1 (10.1)
N PCM51stab	316 (18.8)	440 (17.2)	337 (17.6)	166 (45.1)	312 (17.3)	308 (14.8)	14.6 (1.1)	57.2 (8.8)
N PCM53	206 (28.2)	301 (28.3)	291 (13.9)	180 (4.2)	285 (12.0)	281 (6.2)	41.0 (39.9)	52.8 (23.1)
N PCM53stab	200 (3.9)	280 (16.6)	268 (4.4)	162 (23.8)	265 (3.1)	264 (4.8)	25.1 (17.2)	51.9 (21.2)
Werkstoffgruppe III								
PIC 181	201 (0.5)	261 (14.8)	261 (14.8)	195 (11.1)	242 (4.4)	242 (4.4)	66.4 (4.2)	67.9 (2.2)

Werkstoff	piezoelektrische Ladungskonstante $d_{33}^{G,GS}$ [pC/N]						mechanische Spannung T_3 bei maximalem $d_{33}^{G,GS}$	
	1. Messung			2. Messung				
	Startwert	Maximalwert	Endwert	Startwert	Maximalwert	Endwert	1. Messung	2. Messung
SC PKT81	202 (18.6)	269 (2.1)	269 (2.1)	203 (6.5)	266 (0.7)	266 (0.7)	69.2 (0.6)	69.8 (0.0)
CT P8	164 (5.2)	222 (8.6)	222 (9.6)	169 (4.2)	223 (0.3)	220 (4.6)	48.7 (21.9)	49.3 (23.4)
APC 844	230 (0.0)	295 (0.0)	295 (0.0)	242 (0.0)	291 (0.0)	290 (0.0)	69.1 (0.0)	37.9 (0.0)
APC 880	202 (15.0)	288 (4.3)	288 (4.3)	222 (9.9)	291 (3.8)	291 (3.8)	68.8 (0.8)	69.5 (1.1)
APC 881	181 (16.9)	253 (31.8)	253 (31.8)	185 (0.3)	255 (25.5)	255 (25.5)	67.7 (2.6)	67.5 (2.3)
Werkstoffgruppe IV								
PIC 110	81 (0.5)	114 (0.4)	114 (0.4)	65 (2.7)	108 (0.4)	108 (0.4)	70.2 (0.2)	69.9 (0.7)
Werkstoffgruppe VI								
FP Pz29	316 (37.7)	401 (39.0)	323 (4.0)	149 (73.7)	305 (14.0)	304 (16.5)	12.0 (2.5)	59.5 (11.1)
PIC 151	320 (8.7)	412 (5.4)	296 (7.6)	169 (35.2)	283 (16.6)	275 (21.7)	11.2 (3.1)	44.6 (9.6)
PIC 153	441 (23.7)	559 (18.1)	302 (3.6)	194 (8.5)	293 (4.2)	277 (2.6)	4.9 (0.1)	33.0 (7.2)
JMC 524.5	296 (1.3)	367 (14.6)	336 (11.7)	261 (0.1)	338 (20.4)	337 (18.6)	14.4 (0.3)	28.1 (20.3)
JMC 1100	414 (7.7)	503 (27.7)	344 (0.9)	231 (25.4)	333 (7.5)	324 (11.3)	8.6 (2.1)	51.1 (1.9)
JMC 1334	294 (0.2)	433 (8.7)	355 (10.0)	215 (24.2)	343 (15.4)	338 (14.9)	16.7 (3.6)	51.6 (1.3)
JMC 1876	432 (19.3)	516 (15.7)	270 (13.1)	111 (21.3)	255 (26.2)	249 (18.9)	7.1 (3.4)	59.3 (11.5)
JMC 8042	254 (21.3)	379 (22.8)	324 (19.8)	176 (19.0)	297 (18.2)	297 (18.3)	16.2 (4.6)	61.3 (11.4)
TRS 610 HD	541 (39.3)	717 (62.0)	443 (24.9)	298 (32.3)	414 (91.2)	387 (54.2)	8.9 (0.4)	40.6 (37.9)
TRS HK1 HD	542 (23.9)	679 (27.9)	311 (11.9)	97 (12.8)	284 (1.8)	279 (9.0)	6.3 (0.4)	60.5 (11.4)
APC 854	393 (0.0)	570 (0.0)	353 (0.0)	185 (0.0)	320 (0.0)	319 (0.0)	10.2 (0.0)	52.9 (0.0)
Werkstoffgruppe VII								
ST BM300	47 (0.0)	54 (0.0)	54 (0.0)	44 (0.0)	54 (0.0)	54 (0.0)	69.5 (0.0)	68.7 (0.0)
Werkstoffgruppe VIII								
ST BM921	44 (0.0)	71 (0.0)	71 (0.0)	41 (0.0)	68 (0.0)	68 (0.0)	68.1 (0.0)	69.9 (0.0)
ST BM941	150 (0.0)	208 (0.0)	208 (0.0)	142 (0.0)	195 (0.0)	195 (0.0)	66.8 (0.0)	68.9 (0.0)
Werkstoffgruppe IX								
FP Pz37	267 (4.3)	375 (3.5)	321 (8.1)	146 (29.1)	283 (0.9)	282 (0.9)	28.4 (12.3)	59.2 (10.5)
FP Pz46	18 (0.0)	19 (0.0)	18 (0.0)	19 (0.0)	19 (0.0)	18 (0.0)	0.4 (0.0)	0.1 (0.0)
PIC 700	88 (5.7)	131 (10.6)	131 (10.6)	81 (8.0)	128 (10.0)	128 (10.0)	70.2 (0.1)	69.9 (0.5)
TRS X2A	471 (76.5)	653 (121.2)	466 (10.2)	385 (22.4)	507 (23.9)	409 (25.1)	13.5 (0.7)	11.3 (3.2)

Werkstoff	piezoelektrische Ladungskonstante $d_{33}^{G,GS}$ [pC/N]						mechanische Spannung T_3 bei maximalem $d_{33}^{G,GS}$	
	1. Messung			2. Messung				
	Startwert	Maximalwert	Endwert	Startwert	Maximalwert	Endwert	1. Messung	2. Messung
TRS X2B	461 (15.6)	692 (28.8)	511 (9.9)	425 (10.2)	647 (83.5)	463 (20.2)	11.4 (2.8)	10.2 (5.0)
iB PMNT	525 (59.1)	691 (5.6)	483 (12.9)	312 (37.6)	522 (64.8)	409 (0.4)	9.3 (0.1)	13.0 (0.8)

Tab. B.5: Messdaten der Ladungsmessung unter Großsignalstimulation

B.4.2 Piezoelektrische Großsignalspannungskonstante

Werkstoff	piezoelektrische Spannungskonstante $g_{33}^{G,GS}$ [pC/N]						mechanische Spannung T_3 bei maximalem $g_{33}^{G,GS}$	
	1. Messung			2. Messung				
	Startwert	Maximalwert	Endwert	Startwert	Maximalwert	Endwert	1. Messung	2. Messung
Werkstoffgruppe I								
PIC 141	16.6 (0.1)	19.6 (0.0)	16.1 (0.5)	16.1 (1.1)	20 (0.7)	15.7 (0.4)	9.1 (0.2)	10.6 (3.6)
PIC 300	16.0 (1.0)	17.5 (1.1)	14.5 (0.3)	15.7 (0.4)	17 (0.4)	14.2 (0.1)	8.3 (1.4)	10.0 (4.8)
SC PKT42	17.4 (0.5)	19.6 (0.3)	16.4 (0.6)	17.0 (0.1)	20 (0.4)	16.0 (0.6)	10.0 (0.4)	6.7 (0.3)
SC PKT44	18.7 (0.6)	20.9 (0.6)	19.1 (0.3)	20.3 (1.2)	23 (0.7)	19.2 (0.2)	9.3 (0.1)	8.0 (0.3)
ST BM400	17.8 (0.0)	19.7 (0.0)	17.2 (0.0)	18.5 (0.0)	21 (0.0)	17.1 (0.0)	7.1 (0.0)	9.0 (0.0)
ST BM740	24.8 (0.0)	29.3 (0.0)	21.2 (0.0)	24.4 (0.0)	29 (0.0)	21.2 (0.0)	9.0 (0.0)	6.5 (0.0)
CT P4	21.9 (0.8)	23.4 (1.1)	18.5 (0.4)	21.7 (0.4)	23 (1.0)	18.7 (0.4)	7.9 (1.2)	10.2 (4.5)
APC 842	18.4 (0.0)	22.2 (0.0)	19.4 (0.0)	21.8 (0.0)	23 (0.0)	18.1 (0.0)	7.4 (0.0)	7.0 (0.0)
Werkstoffgruppe II								
FP Pz23	16.4 (0.4)	18.4 (0.1)	13.5 (0.1)	12.5 (0.9)	16 (0.7)	13.2 (0.5)	7.2 (0.2)	9.9 (3.9)
FP Pz27	18.0 (0.2)	20.1 (0.1)	13.3 (0.2)	12.2 (0.4)	15 (0.3)	12.7 (0.0)	7.1 (0.0)	14.1 (0.0)
PIC 155	23.3 (5.0)	27.9 (2.7)	11.9 (0.3)	9.2 (3.6)	14 (1.6)	11.0 (0.7)	5.9 (1.1)	22.9 (20.1)
PIC 255	21.0 (2.2)	22.5 (1.7)	13.5 (0.4)	13.2 (3.3)	16 (1.9)	12.9 (0.3)	4.4 (2.8)	9.7 (8.3)
M FPM 202	18.1 (0.7)	20.4 (1.3)	11.1 (0.6)	11.4 (0.5)	14 (0.5)	10.5 (0.6)	5.8 (1.0)	8.3 (1.7)
ST BM500	19.4 (0.0)	20.3 (0.0)	13.4 (0.0)	13.4 (0.0)	16 (0.0)	13.0 (0.0)	3.5 (0.0)	14.3 (0.0)
CT P5	20.6 (0.8)	22.4 (0.4)	12.6 (0.2)	12.9 (0.2)	15 (0.2)	11.9 (0.0)	3.9 (1.0)	8.1 (1.9)
TRS 200 HD	16.6 (0.0)	18.6 (0.0)	13.9 (0.0)	14.0 (0.7)	16 (0.9)	13.7 (0.2)	3.1 (0.1)	11.7 (3.9)

Werkstoff	piezoelektrische Spannungskonstante $g_{33}^{G,GS}$ [pC/N]						mechanische Spannung T_3 bei maximalem $g_{33}^{G,GS}$	
	1. Messung			2. Messung				
	Startwert	Maximalwert	Endwert	Startwert	Maximalwert	Endwert	1. Messung	2. Messung
APC 851	14.6 (0.9)	17.0 (0.6)	11.1 (0.3)	8.0 (2.0)	12 (0.8)	10.6 (0.2)	6.0 (0.4)	20.4 (6.3)
N PCM51	21.9 (1.8)	23.3 (1.7)	12.6 (0.2)	10.9 (2.6)	14 (1.1)	11.9 (0.1)	2.8 (0.6)	11.9 (9.6)
N PCM51stab	18.1 (0.2)	19.7 (0.0)	12.0 (0.2)	11.0 (0.2)	13 (0.3)	11.2 (0.3)	7.2 (0.2)	12.7 (3.0)
N PCM53	13.6 (0.3)	15.6 (0.3)	13.2 (0.4)	11.1 (0.5)	14 (0.4)	12.9 (0.7)	14.0 (0.1)	14.3 (0.2)
N PCM53stab	14.3 (0.4)	17.0 (0.5)	13.2 (0.5)	10.7 (0.5)	15 (0.5)	13.0 (0.5)	8.0 (1.8)	11.1 (3.0)
Werkstoffgruppe III								
PIC 181	19.7 (1.6)	21.3 (1.4)	19.0 (0.8)	19.4 (0.7)	20 (0.6)	17.9 (0.5)	18.4 (6.5)	12.6 (0.5)
SC PKT81	19.7 (0.1)	21.2 (0.1)	15.8 (0.0)	16.6 (0.1)	19 (0.8)	15.0 (0.2)	8.4 (2.0)	10.5 (5.2)
CT P8	20.0 (0.4)	22.0 (0.1)	20.4 (0.4)	19.9 (0.8)	23 (0.2)	20.2 (0.1)	12.3 (1.1)	15.2 (3.9)
APC 844	15.2 (0.0)	16.6 (0.0)	14.4 (0.0)	13.9 (0.0)	16 (0.0)	14.1 (0.0)	14.1 (0.0)	14.9 (0.0)
APC 880	19.9 (1.9)	22.4 (1.6)	19.1 (0.3)	19.3 (1.9)	22 (0.4)	18.8 (0.2)	9.7 (1.0)	7.2 (3.2)
APC 881	20.2 (2.0)	22.7 (2.7)	20.2 (0.8)	20.4 (1.3)	23 (2.6)	20.0 (1.3)	7.9 (1.1)	9.5 (3.7)
Werkstoffgruppe IV								
PIC 110	8.7 (0.3)	10.4 (0.0)	7.3 (0.1)	7.4 (0.6)	9 (0.2)	7.2 (0.1)	6.0 (1.5)	11.9 (2.9)
Werkstoffgruppe VI								
FP Pz29	14.7 (0.7)	16.3 (0.3)	9.3 (0.3)	6.3 (0.7)	10 (0.1)	8.8 (0.0)	4.1 (1.1)	23.4 (6.0)
PIC 151	16.0 (0.5)	19.2 (0.9)	10.2 (0.7)	8.1 (2.2)	11 (1.8)	9.5 (0.0)	3.6 (0.2)	21.6 (16.5)
PIC 153	11.9 (0.4)	13.8 (0.3)	6.7 (0.0)	5.5 (0.2)	8 (0.7)	6.2 (0.0)	2.9 (0.8)	11.9 (2.9)
JMC 524.5	15.1 (0.4)	17.7 (0.9)	12.5 (0.4)	12.4 (0.7)	15 (0.2)	12.0 (0.1)	11.0 (2.2)	11.2 (2.8)
JMC 1100	9.9 (0.3)	11.2 (0.6)	6.1 (1.0)	4.2 (1.7)	6 (1.3)	5.7 (0.6)	3.9 (1.4)	32.2 (25.1)
JMC 1334	9.5 (0.3)	12.2 (0.1)	7.7 (0.2)	6.2 (0.0)	8 (0.0)	7.3 (0.0)	7.2 (4.1)	13.5 (0.0)
JMC 1876	6.6 (0.3)	7.5 (0.3)	3.5 (0.1)	2.2 (0.4)	4 (0.2)	3.2 (0.1)	3.0 (0.6)	44.5 (8.5)
JMC 8042	15.3 (0.7)	18.0 (0.3)	11.9 (0.2)	9.5 (0.4)	13 (0.6)	10.9 (0.1)	6.9 (0.1)	13.9 (0.5)
TRS 610 HD	15.5 (1.3)	17.1 (2.1)	8.6 (0.0)	7.9 (1.0)	10 (1.1)	8.1 (0.4)	2.7 (0.4)	19.2 (15.8)
TRS HK1 HD	7.8 (0.0)	9.8 (0.1)	4.2 (0.0)	1.8 (0.5)	4 (0.2)	3.7 (0.1)	2.7 (0.7)	51.2 (1.4)
APC 854	15.2 (0.0)	16.1 (0.0)	7.3 (0.0)	6.4 (0.0)	9 (0.0)	7.0 (0.0)	1.5 (0.0)	13.5 (0.0)
ST BM300	17.5 (0.0)	17.8 (0.0)	16.9 (0.0)	16.4 (0.0)	17 (0.0)	16.5 (0.0)	1.6 (0.0)	14.3 (0.0)
Werkstoffgruppe VII								
ST BM300	17.5 (0.0)	17.8 (0.0)	16.9 (0.0)	16.4 (0.0)	17 (0.0)	16.5 (0.0)	1.6 (0.0)	14.3 (0.0)

Werkstoff	piezoelektrische Spannungskonstante $g_{33}^{G,GS}$ [pC/N]						mechanische Spannung T_3	
	1. Messung			2. Messung			bei maximalem $g_{33}^{G,GS}$	
	Startwert	Maximalwert	Endwert	Startwert	Maximalwert	Endwert	1. Messung	2. Messung
	Werkstoffgruppe VIII							
ST BM921	17.3 (0.0)	21.3 (0.0)	15.7 (0.0)	14.8 (0.0)	18 (0.0)	17.8 (0.0)	7.0 (0.0)	38.8 (0.0)
ST BM941	18.5 (0.0)	18.9 (0.0)	15.8 (0.0)	17.2 (0.0)	18 (0.0)	14.9 (0.0)	7.1 (0.0)	7.2 (0.0)
	Werkstoffgruppe IX							
FP Pz37	24.2 (0.1)	25.8 (0.8)	15.4 (0.3)	13.7 (0.5)	17 (0.5)	13.9 (0.1)	3.9 (2.1)	11.1 (5.0)
FP Pz46	8.6 (0.0)	8.9 (0.0)	8.7 (0.0)	8.2 (0.0)	9 (0.0)	8.5 (0.0)	3.1 (0.0)	37.3 (0.0)
PIC 700	14.4 (0.2)	16.2 (0.7)	14.5 (0.6)	13.1 (0.2)	15 (0.1)	14.4 (0.4)	10.4 (4.6)	26.5 (16.8)
TRS X2A	14.6 (0.3)	16.6 (0.7)	3.6 (0.0)	3.1 (1.2)	3 (0.8)	2.9 (0.0)	3.1 (0.1)	34.3 (48.0)
TRS X2B	15.6 (1.8)	18.1 (0.5)	5.1 (0.2)	6.1 (1.2)	7 (1.9)	4.4 (0.2)	6.9 (0.2)	2.5 (3.4)
iB PMNT	15.3 (0.1)	15.8 (0.1)	3.2 (0.5)	2.9 (0.5)	3 (0.6)	2.6 (0.4)	2.4 (1.4)	25.7 (35.8)

Tab. B.6: Messdaten der Spannungsmessung unter Großsignalstimulation

Lebenslauf

Persönliche Daten

Name:	Thomas Rödig
Geburtsdatum:	20. März 1978
Geburtsort:	Freital
Familienstand:	verheiratet, 3 Kinder

Studium

12/08 – 06/14	Dissertation an der TU Dresden: *Eignung piezoelektrischer Werkstoffe für mechanoelektrische Festkörpergeneratoren*
11/02 – 05/03	Diplomarbeit an der TU Dresden: *Schwingungsreduktion von Leichtbaustrukturen durch piezoelektrische Elemente*
10/97 – 09/03	Studium der Elektrotechnik an der TU Dresden, Vertiefungsrichtung: Feinwerktechnik

Beruflicher Werdegang

01/10 – 09/13	Leiter der Gruppe *Piezosysteme*, Fraunhofer IKTS, Dresden
09/03 – 12/09	Wissenschaftlicher Mitarbeiter, Fraunhofer IKTS, Dresden
01/02 – 06/02	Praktikum im Fraunhofer IBMT Technology Center Hialeah, USA